川

邱克洪 编著

味四季菜：

春夏篇

 甘肃科学技术出版社

图书在版编目（CIP）数据

川味四季菜. 春夏篇 / 邱克洪编著. -- 兰州 ：甘
肃科学技术出版社，2017.10
ISBN 978-7-5424-2434-1

Ⅰ. ①川… Ⅱ. ①邱… Ⅲ. ①川菜—菜谱 Ⅳ.
①TS972.182.71

中国版本图书馆CIP数据核字(2017)第235236号

川味四季菜：春夏篇
CHUANWEI SIJICAI:CHUNXIA PIAN

邱克洪　编著

出 版 人　王永生
责任编辑　黄培武
封面设计　深圳市金版文化发展股份有限公司

出　版　甘肃科学技术出版社
社　址　兰州市读者大道568号　730030
网　址　www.gskejipress.com
电　话　0931-8773238（编辑部）　0931-8773237（发行部）
京东官方旗舰店　http://mall.jd.com/index-655807.html

发　行　甘肃科学技术出版社　　印　刷　深圳市雅佳图印刷有限公司
开　本　720mm×1016mm　1/16　印　张　12　字　数　221千字
版　次　2018年1月第1版　　　　印　次　2018年1月第1次印刷
印　数　1～5000
书　号　ISBN 978-7-5424-2434-1
定　价　35.00元

前言

不时，不食

科学技术的发展，日益突破着人们的传统观念和自然的生产规律。其中有喜亦有忧。

这里，我们仅就蔬菜、水果的生产来说。科技的发展，不仅通过新技术、新药物、新肥料，减少了作物的疾病，提高了作物的产量，更重要的是，还通过新技术，比如通过改变温度、湿度的大棚，从本质上讲，就是通过人工改变了或者说制造了这些作物生长的环境，让它们突破原来依赖的自然条件，在任何时候都可以生长、发育和成熟，这就出现了现在广为流行的错季或者说全季蔬菜和水果。如果说提高产量，满足了不断增长的人口对这些食物不断增多的需求；那么错季蔬菜和水果的出现，则弥补了这些作物在过去因为自然条件的原因而造成的某一季节，特别是冬季食物的单调景况，使我们的市场也罢，人们的生活也罢，始终显得那么琳琅满目、丰富多彩。这是很多人看到的喜。

但是，也有一部分人，尤其是看重中国传统文化、看重中医养生理论的人，看到了其中的忧。这些忧，概括起来，大致有以下三点。

一是古代圣人的教诲。孔子说"不时，不食"，意思是，不是这个时令的（东西）就不吃。古代著名医学著作《黄帝内经》也说要"食岁谷"，就是要吃时令食物。

二是认为吃时令的食物更健康。中医认为，生长成熟符合节气的食物，才能得天地之精气。违背自然生长规律的食物，就违背了"春生、夏长、秋收、冬藏"的消长规律，从而致使食品寒热不调，原味大减或混乱，成为所谓"形似菜"。时令蔬菜、水果才符合人体因为季节不同而需要的营养补充。养生非常重要的一点就是要顺应季节的变化，吃顺季节蔬菜和水果，尽量少吃反季节的蔬菜和水果。这也是中国传统中"天人合一"理念在养生领域的具体体现。

三是错季或全季蔬菜和水果的出现，减少了人们关于美食的期待，大大地降低了人们因为等待、期盼、想象而产生的惊喜、愉悦和审美快乐。有人甚至进一步认为这些蔬菜和水果的味道已经大不如从前了，没有喜悦，还增添了些许失望。

喜有喜的道理，忧有忧的理由。偏听则暗，兼听则明。我们把人们关于错季或全季蔬菜、水果的喜忧罗列在此，仅供你参考、取舍、选择，全在于你自己的理解和信念。

当然，作为编者的我们，是忧派，所以有了这本《川味四季菜》。

目录 / CONTENTS

Part 7　夏季汤菜篇

Part 1

基础篇

川菜的历史

川菜是我国著名的四大菜系之一，历史悠久。它起源于古代的巴国和蜀国，据《华阳国志》记载，巴国"土植五谷，牲具六畜"，并出产鱼盐和茶蜜；蜀国则"山林泽鱼，园囿瓜果，四代节熟，靡不有焉"。当时巴国和蜀国的调味品已有卤水、岩盐、川椒、"阳朴之姜"。在战国时期墓地出土文物中，已有各种青铜器和陶器食具，川菜的萌芽可见一斑。川菜的形成，大致可追溯到秦晋。秦代李冰筑都江堰使川西平原物产丰富，开发邛崃盐井大量生产井盐，为川菜发展提供了原料和调味的条件。到了汉代就更加富庶。张骞出使西域，引进胡桃、大豆、大蒜、胡瓜、胡豆等品种，又增加了川菜的烹饪原料和调料。西汉时国家统一，官办、私营的商业都比较发达。以长安为中心的五大商业城市出现，其中就有成都。三国时魏、蜀、吴鼎立，刘备以四川为"蜀都"。虽然在全国范围内处于分裂状态，但蜀中相对稳定，对于商业，包括饮食业的发展，创造了良好的条件。西汉成都人扬雄的《蜀都赋》已对川菜宴席的原料、烹调技巧及宴饮盛况作了详尽地描述；德阳出土的东汉庖厨画像砖，表现出当时成都的烹饪技艺已有相当高的水平。从这些记录大体可以看出，川菜形成初期的轮廓和规模。到了宋代，北宋东京汴梁和南宋临安城都有了专营四川菜肴的酒楼菜馆"川饭店""川饭分茶"，川味的大小抹肉、淘煎熬、大熬面、插肉面、生熟烧饭和川味小吃狮子糖、西川乳糖等已颇有名气。明末清初，辣椒传入四川，给川味菜肴带来了划时代的变化。至于清末民初，已完全形成了一个以麻辣为代表兼及其他味型，地方风味极其浓郁的菜系。川菜烹饪技术也广泛普及，始创了宫保肉丁、麻婆豆腐、夫妻肺片、水煮牛肉等一系列流传至今的名菜。《成都通贤》记载，当时成都的风味小吃和菜肴已有1328种之多。

探索川菜形成与发展的原因，有三点是至关重要的：其一是得天独厚的自然条件。四川物产丰富，自古以来就享有"天府之国"的美誉。境内江河纵横，四季常青，烹饪原料多而且广。

既有山区的山珍野味，又有江河的鱼虾蟹鳖；既有肥嫩味美的各类禽畜，又有四季不断的各种新鲜蔬菜和笋菌；还有品种繁多、质地优良的酿造调味品和种植调味品，它们对川菜的发展可谓是"锦上添花"。 其二是受当地风俗习惯的影响。据史学家考证，古代巴蜀人早就有"尚滋味""好辛香"的饮食习俗。贵族豪门嫁娶良辰、待客会友，无不大摆"厨膳""野宴""猎宴""船宴""游宴"等名目繁多、肴撰绮错的筵宴。到了清代，民间婚丧寿庆，也普遍筹办"家宴""田席""上马宴""下马宴"等等。讲究饮食的传统和川菜烹饪的发展与普及，造就了一大批精于烹饪的专门人才，使川菜烹饪技艺世代相传、长盛不衰。其三是广泛吸收融各家之长。川菜在产生、发展与形成过程中，一直不断地吸收全国各地方菜肴，以及烹调方式独特的少数民族风味菜，用料考究、做工精细的宫廷菜、官家菜、道观佛寺的素菜的特色，融汇进川菜之中。清代四川才子李调元编撰的《函海·醒园录》中，就辑录了川菜吸收各地烹饪之长而形成的116种名菜名点。

近年来随着市场经济的繁荣，鲁菜、粤菜、淮菜等菜系的入川，西餐渐行，虽然使川菜面临各种风味的冲击，面临众多菜肴品种的挑战，但同时我们应该看到，这种市场的竞争机制也给川菜业注入新鲜的活力，带来了发展，也创造出层出不穷的创新川菜佳肴，譬如"干烧海参""宫保龙虾"等等，都充分体现了川菜"北菜川烹、南菜川味"的特点。川菜的发展与创新，既保持本身传统的风味特色，又有广泛的适应性，故为广大人士所喜爱。

调味的秘诀

　　调味能确定菜肴的口味，除异解腻，调和荤素，增加美味、色泽，增强食欲，突出地方菜肴风味。中国菜以调味著称，因而调味的技术、刀工的运用和火候的掌握，就成为中国菜烹饪中的主要内容。川菜在调味方面较别的菜系更为突出，由"咸、甜、酸、辣、麻、鲜、香"几种基本味，演变出了几十种味型，故有"食在中国，味在四川"之说。

川菜常用调味料

「川盐」

　　川盐在烹调上能定味、提鲜、解腻、去腥，是川菜烹调的必需品之一。盐有海盐、池盐、岩盐、井盐之分，主要成分为氯化钠。因来源和制法不同，所以质量也就各有差异。烹饪所用的盐，当然是以含氯化钠高，含氯化镁、硫酸镁等杂质低的为佳。

　　川菜烹饪常用的盐是井盐（也就是川盐），其氯化钠含量高达99%以上，味纯正，无苦涩味，色白，结晶体小，疏松不结块。以四川自贡所生产的井盐为盐中最理想的调味品。

四川自贡井盐：

　　我国最大的井盐产地，在四川省南部偏西的自贡市附近。自贡地区东边属富顺县，西边属荣县，因两地都盛产井盐，所以在川盐生产史上称为"富荣盐场"。第一口盐井凿于双流县境（古称广都），是由秦蜀郡守李冰主持进行的，人们把他称为"井盐之父"。到西

汉中期，四川井盐产地达14处之多，左思《蜀都赋》在描写井盐生产景象时说：四川"家有盐泉之井，户有橘柚之园"。《华阳国志》也记载："……井有二水，取井水煮之，一斛(卤)水得五斛盐。"这是世界上最早使用天然气煮盐的记述。

「姜」

在烧烤前，将待烤的食物用大量的葱、姜、蒜进行腌渍。因为致癌物质——杂环胺的产生需要自由基的参与，而腌制肉类食物时加入葱、姜、蒜则会减少自由基的产生，进而减少烤肉时杂环胺的产生。

比如烤牛肉时，用些粗盐和葱、姜、蒜腌渍片刻，不仅可以保证健康，还能让肉类从里到外都更富有滋味，但是注意腌渍的时间不能过长。

「葱」

葱在四川的分布广、品种多，主要分大葱、分葱和香葱三种。葱具有辛香味，可解腥气，并能刺激食欲，开胃消食，杀菌解毒。葱在烹饪中可以生吃和熟吃，生吃多用小葱。小葱香气浓郁，辛辣味较轻，一般切成葱花，用于调制冷菜各味，如怪味、咸鲜味、麻辣味、椒辣味等味型。大葱主要用葱白作热菜的辅料和调料。作辅料一般切成节，烹制葱酥鱼、葱烧蹄筋、葱烧海参等菜肴；如切成颗粒，则作宫保鸡丁、家常鱿鱼等菜肴的调味品。此外，葱白还可切成开花葱，作烧烤、汤羹、凉菜使用。

「蒜」

四川本地的独头蒜，也叫独蒜，在北方菜系里也很常见。独蒜的蒜味比普通蒜浓郁，不会被其他调味料压制，适合川菜调味。多年生草本，外层灰白色或者紫色干膜鳞被，通常有6～10个蒜瓣，每一瓣外层有一层薄膜。四川还有一种独蒜，个大质好。独蒜形圆，普通大蒜形扁平，皆色白实心，含有大量的蒜素，具有独特的气味和辛辣味。大蒜在动物性原料调味中，有去腥、解腻、增香的作用，是川菜烹饪中不可缺少的调味品。大蒜也可作辅料来烹制川菜，如大蒜鲢鱼、大蒜烧鳝段、大蒜烧肥肠等。这些菜肴以用成都温江的独头蒜为佳。大蒜不仅能去腥增色，它所含的蒜素还有很强的杀菌作用。由于蒜素容易被热破坏，所以多用于生吃。可将大蒜制成泥状，用于蒜泥白肉、蒜泥黄瓜等凉菜。

「花椒」

"花椒好，花椒香，花椒的味道特别长，熬鱼炖肉少不了，煎炒烹炸属它强，凡是做菜它调味，没有花椒味不香……"在传统曲艺《十三香》中，首先唱的就是花椒，它是中国香料的"大姐大"。川菜美食作家石光华介绍，明朝之前的麻辣食品，只有花椒，没有辣椒。辣椒在明朝进入中国，清朝康乾时期才进入四川，而这二种东西在相遇之后，就分不开了。没有麻辣就没有川菜，而花椒正是麻味之源。花椒果皮含辛辣挥发油，辣味主要来自山椒素。花椒有温中气、减少膻腥气、助暖去毒的作用。

「海椒」

嘉道年间，川西地区已普遍栽种辣椒这种蔬菜。川西人常说的"海椒"，正如明朝人称之"番椒"一样，道出此物来自外国。嘉庆年间，以重庆为中心的川东地区，辣椒已作为商品进入流通领域。四川大学历史系和四川省档案馆主编的《清乾嘉道巴县档案选编》载地处川黔交界处的南川盛产辣椒，咸丰元年增修刻本《道光南川县志》卷五"土产·蔬菜类"有"地辣子"一名，应该是当地百姓对辣椒的称谓。道光年间，与南川毗邻的贵州遵义地区也受川人影响，普遍栽种辣椒。但专家总结：辣椒不是从陆路而是从海道传入中国的，所以四川人叫"海椒"！

「川菜使用辣椒的方式五花八门，下面是川菜调味料里最常用到的品种。」

二荆条辣椒

以成都牧马山出产的最为出名，成都以及周围各县都有种植。二荆条辣椒形状细长，每年5～10月上市，有绿色和红色两种，绿色辣椒不采摘继续生长就会变为红色。二荆条辣椒香味浓郁，口味香辣回甜，色泽红艳，可以做菜，制作干辣椒、泡菜、豆瓣酱、辣椒粉、辣椒油。

子弹头辣椒

子弹头辣椒是朝天椒的一种，因为形状短粗如子弹所以得名，在很多地方都有种植，贵州出产的品质不错。子弹头辣椒辣味比二荆条辣椒强烈，但是香味和色泽却比不过二荆条辣椒，可以制作干辣椒、泡菜、辣椒粉、辣椒油。

七星椒

七星椒也是朝天椒的一种，属于簇生椒，产于四川威远、内江、自贡等地。七星椒皮薄肉厚、辣味醇厚，比子弹头辣椒更辣，可以制作泡菜、干辣椒、辣椒粉、糍粑辣椒、辣椒油等。

小米椒

小米椒产于云南、贵州，辣味是所介绍的几种辣椒中最辣的，口味辛烈，但是香味不浓，可以制作泡菜、干辣椒、辣椒粉、辣椒油等。

这几种辣椒不仅形状不同，味道和辣劲也是不相同，所以，讲究的川菜馆在制作辣椒油时，会将七星椒、二荆条辣椒、小米椒三种辣椒按照4：4：2的比例来调配，取二荆条辣椒的香味和色泽、七星椒的辣味、小米椒的辛烈，做出色、香、味俱全的完美辣椒油。

「食醋」

制作川菜，必须要用阆中保宁醋。不同于陈醋等用米发酵，保宁醋其实是由黄豆发酵而来，醋味浓郁，香气扑鼻。保宁醋在口中的滋味更温和复杂，醇厚浓稠，颜色更深。一些传统派食客，有"除却保宁不是醋"之说。

「酱油」

传统的川菜发展史上，出现过很多著名的酱油品牌，如犀浦酱油、太和酱油，现在都失传了。目前中坝的口蘑酱油是纯正发酵得来，算得上上品，为多数厨师喜爱。

调味的方法

调味时必须因菜肴的特点、原料的情况、使用的工区和季节的不同而采用各种不同的调味方法。归纳起来，调味方法有两种。

（1）多次性调味：菜肴在调味过程中，需要在烹制前、烹制中、烹制后进行几次调味，才能完成菜肴风味的调味方法叫多次性调味。

「基础调味」

是烹制前使已加工成形的原料先有一个基础味，同时也解除一些原料的腥膻气味。例如，对某些动物性的原料，先用盐、料酒、香料、酱油等调匀拌匀，或对炸、熘、爆、炒等烹调原料在下锅以前先用盐、酱油、水豆粉等着味、上浆或挂糊等，都是烹制前的调味。

「定味调味」

指原料下锅以后，按照菜肴的特点加入各种调味品，最后决定一份菜肴的味道。如炒、熘、爆的菜肴，烹调时急火短炒，一锅成菜。这就得在烹制中恰当的时机将事先调配好的调味汁烹入，以决定菜肴的风味。

「辅助调味」

有些菜肴在烹制前和烹制过程中所进行的调味，还不能满足菜肴的调味要求，必须在烹制后进行辅助调味，使菜肴味道更加完善。例如，一些炸、蒸、烫、卤等菜肴要在烹调后撒椒盐、白糖或拌香油、红油、放芝麻等，就属于这种调味。

（2）一次性调味：菜肴的调味，只需在烹制前、烹制中或烹制后一次就能完成菜肴调味的方法。

「烹制前调味」

菜肴在烹制前，一次加入所需要的调味品就能完成菜肴调味的方法，如粉蒸肉、雪花鸡淖、咸烧白、清蒸全鸡等菜肴。这种调味方法，一般适用于蒸、软炒等菜肴的调味。调味时要注意掌握调味品的性能和用量，正确估计调味品经组合及烹制后所表现的复合味。

「烹制中调味」

菜肴在烹制中，一次加入所需要的调味品就能完成菜肴调味的方法，如回锅肉、干煸鱿鱼丝等菜肴。这种调味方法，一般用于炒、干煸、烧、烩、卤等菜肴的调味。

「烹制后调味」

菜肴原料经过熟处理加工后，一次加入所需要的调味品，就能完成菜肴调味的方法，如怪味鸡丝、蒜泥白肉等菜肴的调味。这种调味方法，一般用于凉拌类菜肴的调味。调味时应事先将所需调味品调成均匀的汁，再淋于原料上，或与原料拌和均匀。

川菜常见的味型及调制方法

川菜自古讲究"五味调和""以味为本"。川菜的味型之多,居各大菜系之首。当今川菜有24种味型,而这些味型主要由凉菜、热菜体现。现将常用的味型及调制方法加以介绍。

凉菜常见的味型及调制方法

凉菜,在饮食业俗称冷荤或冷盘。它是具有独特风格,拼摆技术性强的菜肴,食用时数都是吃凉的,称之为凉菜。凉菜切配的主要原料大部分是熟料,因此与热菜烹调方法有着截然的区别,它的主要特点是:选料精细、口味干香、脆嫩、爽口不腻,色泽艳丽,造形整齐美观,拼摆和谐悦目。

「红油味」

色泽红亮、咸里略甜、辣中有鲜、鲜上加香。是由酱油、盐、白糖、味精调匀溶化后,加入红油、香油调匀而成。

「蒜泥味」

蒜味浓、咸味鲜、香辣中微带甜。是由酱油、盐调匀溶化后加入味精、蒜泥、红油、香油调匀而成。

「怪味」

集咸、甜、麻、辣、鲜、香、酸为一体,别有风味。是由白糖、盐、酱油、醋溶化后,再加入味精、香油、花椒面、芝麻酱、红油、熟芝麻充分调匀即成。

「鱼香味」

色泽红亮、辣而不燥、咸酸甜辣兼备、姜葱蒜味突出。由盐、白糖、味精、酱油、醋充分溶化后,再加入泡红椒末、姜蒜米、葱花搅匀,然后放入辣椒油、香油调匀即成。

「白油味」

清淡适口、咸鲜醇厚。是由香油、味精、酱油充分调匀而成。

「糖醋味」

甜酸并重、清爽醇厚。是将盐、白糖、酱油、醋充分溶化后，加入香油调匀而成。

「芥末味」

具有咸、鲜、酸、香、冲的特点。是由盐、酱油、醋、味精调匀，再加入调制好的芥末糊调匀，淋入香油即成。

「麻辣味」

麻而不木、辣而不燥，辣中显鲜、辣中显味，辣有尽而味无穷。主要由辣椒、花椒、川盐、料酒等调制而成。

「酸辣味」

香辣咸酸、鲜美可口。用酱油、醋、盐充分调匀后，加入红油、香油调匀即可。

「麻酱味」

咸鲜可口、香味浓郁。是将盐、酱油、味精、芝麻酱（芝麻炒至微黄，研细，用热油烫出香味）调匀而成。

「姜汁味」

姜味浓郁、咸中带酸、清爽不腻。是将老姜洗净去皮切成细末，舂成茸泥后再与盐、醋、味精、香油调和而成。

「椒麻味」

咸麻鲜香、味性不烈、刺激性小。是由盐、椒麻末、酱油、味精、香油充分调匀而成。

热菜常见的味型及调制方法

　　热菜即热烹热食的菜式。热菜制作时要善于根据原料、季节、地区、食用者要求等情况，灵活运用技术，以保证菜品质量，满足广大消费者的需要。

「酱香味」

　　甜咸兼备、酱香浓香。烹调时，先将主料熟处理，再将甜酱炒出香味加盐、料酒、鲜汤，与主料同烧。当主料酥软时，放入味精，汁浓后将主料捞起装盘。汁中加适量水豆粉再收浓，淋于主料面上即成。

「糟香味」

　　醇香咸鲜而回甜。醪糟中加入盐、味精、胡椒粉兑成滋汁。待主料加热散籽，加入葱、姜炒香时，烹入滋汁炒匀即成。

「糖醋味」

　　具有甜酸味浓、回味咸鲜的特点。以糖、醋为主要调料，佐以川盐、酱油、姜、葱、蒜调制而成。

「麻辣味」

　　咸麻鲜香、味性不烈、刺激性小。是由盐、椒麻末、酱油、味精、香油充分调匀而成。

「甜咸味」

　　咸甜并重，兼有鲜香。以川盐、白糖、胡椒粉、料酒调制而成。因不同菜肴的风味需要，可酌加姜、葱、花椒、冰糖、五香粉、醪糟汁、鸡油等。

「红油味」

红油味的辣味比麻辣味的辣味轻，其色彩红丽，辣而不燥，香气醇和绵长。是由特制的红油与酱油、白糖等调制而成，部分地区加醋、蒜泥或香油。

「荔枝味」

荔枝味之名出自其味似荔枝、酸甜适口的特点。是以川盐、醋、白糖、酱油、料酒等调制，并取姜、葱、蒜的辛香气味烹制而成。

「煳辣味」

具有香辣咸鲜，回味略甜的特点。其辣香，因是以干辣椒节在油锅里炸，使之成为糊辣壳而产生的味道，火候不到或火候过头都会影响其味。

「姜汁味」

姜味浓郁、咸酸鲜香、清淡爽口。烹调时，油锅烧制六成油温，姜米与主料同炒，然后下盐、酱油、鲜汤同焖，加葱，勾芡后拌匀红油、醋起锅。

「家常味」

咸鲜微辣、味浓厚醇、回味略甜。烹调时，将混合油烧至六成热，放入原料炒散籽，加入微量的盐，炒干水汽到亮油，加入豆瓣，炒香上色，放入蒜苗炒出香味，放入适量的酱油炒匀起锅即成。

「酸辣味」

酸辣味不全是辣椒唱主角，而是先在辣椒的辣、生姜的辣之间寻找一种平衡，再用醋、胡椒粉这些解辣的佐料调和，使其形成醇酸微辣，咸鲜味浓的独特风味。

春季菜谱

　　春季，万物复苏。春季养生应遵循养阳防风的原则。春季，人体阳气顺应自然，向上向外疏发，因此要注意保卫体内的阳气，凡有损阳气的情况都应避免。因此，春季饮食要注意几点。

　　其一，养肝补脾。唐代百岁医家孙思邈说："省酸增甘，以养脾气。"意为少吃酸味多吃甘味的食物以滋养肝脾二脏，对防病保健大有裨益。性温味甘的食物首选谷类，如糯米、黑米、高粱、黍米、燕麦；蔬果类，如刀豆、胡萝卜、菠菜、西红柿、南瓜、红薯、扁豆、土豆、豆芽、豆腐、藕；肉鱼类，如牛肉、羊肉、狗肉、鸡肉、鸭肉、蛙肉、虾肉、动物肝脏、泥鳅、鳖、龟、牛蹄筋、鹌鹑、鲍鱼、青鱼、带鱼、蚌肉、淡菜、鲫鱼、花鲤、鲈鱼、草鱼、黄鳝、鸡蛋、鸭蛋、鹌鹑蛋等；另外，还有桂圆、花生、核桃、栗子、黑豆、樱桃、枸杞、银耳、黑芝麻等，均有养肝作用等。人体从这些食物中吸取丰富营养素，可使养肝与健脾相得益彰。

　　其二，古谚曰："百草回春，旧病萌发。"可见春季也是疾病多发的季节。要顺应春升之气，多吃些温补阳气的食物，尤其早春仍有冬日余寒，可选吃锅巴、山药、

大枣、韭菜、大蒜、洋葱、魔芋、大头菜、芥菜、香菜、生姜、葱。这类食物均性温味辛，既可疏散风寒，又能抑杀潮湿环境下孳生的病菌。

　　其三，春日时暖风或晚春暴热袭人，易引动体内郁热而生肝火，或致体内津液外泄，可适当配吃清解里热、滋养肝脏的食物，如荠菜、菠菜、雍菜、芹菜、莴笋、茄子、荸荠、黄瓜、蘑菇、荞麦、薏苡仁等。这类食物均性凉味甘，可清解里热、润肝明目。

春季应季蔬果

「蒜苗」

蒜苗是大蒜幼苗发育到一定时期的青苗，它生长在农田里，具有蒜的香辣味道，以其柔嫩的蒜叶和叶鞘供食用。品质好的蒜苗应该鲜嫩，株高在35厘米左右，叶色鲜绿，不黄不烂，毛根白色不枯萎，而且辣味较浓。

「青椒」

果实为浆果，能结甜味浆果，又叫甜椒、菜椒。一年生或多年生草本植物，特点是果实较大，辣味较淡甚至根本不辣，作蔬菜食用而不作为调味料。青椒含有丰富的维生素C，适合高血压高血脂的人群食用。

「彩椒」

彩椒主要有红、黄、绿、紫四种。果大肉厚，甜中微辛，汁多甜脆，色泽诱人，可促进食欲，并能舒缓压力，可作为多种菜肴的配料。彩椒富含多种维生素（丰富的维生素C）及微量元素，不仅可改善黑斑及雀斑，还有消暑、补血、消除疲劳、预防感冒和促进血液循环等功效。

「洋葱」

食用部分是肥大的肉质鳞茎，有特殊的香辣味，能增进食欲，可治疗多种疾病。洋葱能清除体内氧自由基，增强新陈代谢能力，抗衰老，预防骨质疏松，是适合中老年人的保健食物。

「花椰菜」

食用部分是洁白、短缩、肥嫩的花蕾、花枝、花轴等聚合而成的花球，粗纤维含量少，品质鲜嫩，质地细嫩，味甘鲜美，其嫩茎纤维，烹炒后柔嫩可口，食后极易消化吸收，营养丰富。花椰菜的营养比一般蔬菜丰富，含有蛋白质、脂肪、碳水化合物、膳食纤维和维生素A、B、C、E、P、U及钙、磷、铁等矿物质。

「甜豆」

结荚饱满，颜色青绿，外形美观，豆荚及豆粒都十分甜美且脆，营养丰富，食味甜脆爽口。选购时以豆荚青绿鲜嫩不萎缩，兼没斑点方为上品，豆粒愈饱满即愈甜。甜豆的营养价值很高，富含维生素A、C、B_1、B_2及烟碱酸、钾、钠、磷、钙等，并且含有丰富的比大豆蛋白还容易消化的蛋白质。

「豌豆」

 之前的位置

豌豆豆粒圆润鲜绿，炒食后颜色翠绿，清脆利口。豌豆荚和豆苗的嫩叶中富含维生素C和能分解体内亚硝胺的酶，可以分解亚硝胺，具有抗癌防癌的作用。豌豆所含的止权酸、赤霉素和植物凝素等物质，具有抗菌消炎、增强新陈代谢的功能。

「芹菜」

芹菜经培育形成大而多汁的肉质直立叶柄。可食用部分为其叶柄。在欧洲文艺复兴时期，芹菜通常作为蔬菜煮食或作为汤料及蔬菜炖肉等的佐料；在美国，生芹菜常用来做开胃菜或沙拉。芹菜的果实（或称籽）细小，具有与植株相似的香味，可用作佐料，特别用于汤和腌菜。块根芹具有可食用的粗根，生食或烹调作菜。

「莴笋」

莴笋的肉质嫩，茎可生食、凉拌、炒食、干制或腌渍。生食主要食叶片或叶球，成为当前增加花式品种的主要蔬菜。莴笋茎叶中含有莴苣素，味苦，高温干旱时苦味浓，能增强胃液、刺激消化、增进食欲，并具有镇痛和催眠的作用。

「荠菜」

生长于田野、路边及庭园。以嫩叶供食。其营养价值很高，食用方法多种多样。有很高的药用价值，具有和脾、利水、止血、明目的功效，常用于治疗产后出血、痢疾、水肿、肠炎、胃溃疡、感冒发热、目赤肿疼等症。

「油菜」

油菜质地脆嫩，略有苦味，含有多种营养素，富含维生素C。其种子含油量达35%～50%，可榨油，其菜籽油含有丰富的脂肪酸和多种维生素，营养价值高。能活血化瘀，解毒消肿，宽肠通便，强身健体。主治游风丹毒、手足疖肿、乳痈、习惯性便秘、老年人缺钙等病症。

「豌豆苗」

豌豆苗为豆科植物豌豆的嫩苗。豌豆苗的供食部位是嫩梢和嫩叶，营养丰富，含有多种人体必需的氨基酸。其叶清香、质柔嫩、滑润爽口，色、香、味俱佳，营养丰富且绿色无公害，吃起来清香脆爽，味道鲜美独特。

「菠菜」

菠菜有"营养模范生"之称，富含类胡萝卜素、维生素C、维生素K、矿物质（钙质、铁质等）、辅酶Q10等多种营养素。其可以经常用来烧汤、凉拌、单炒和配荤菜合炒或垫盘。以色泽浓绿、根为红色、不着水、茎叶不老、无抽苔开花、不带黄烂叶者为佳。

「香椿」

香椿被称为"树上蔬菜"，是香椿树的嫩芽。每年春季谷雨前后，香椿发的嫩芽可做成各种菜肴。它不仅营养丰富，且具有较高的药用价值。香椿叶厚芽嫩，绿叶红边，犹如玛瑙、翡翠，香味浓郁，营养之丰富远高于其他蔬菜，为宴宾之名贵佳肴。

「春笋」

春笋为禾本科竹亚科植物苦竹、淡竹、毛竹等的嫩苗，又称竹萌、竹芽。据分析，春笋不仅富含蛋白质、氨基酸、脂肪、糖类、钙、磷、铁、胡萝卜素和维生素B_1、维生素B_2、维生素C等成分，而且有较高的药用价值。

「马兰头」

系菊科植物，茎直立，有时略带红色，叶脉通常离基3出，表面粗糙，两面有短毛，春天摘其嫩茎叶作蔬菜称马兰头。马兰头的嫩茎叶，既可凉拌，又可炒食，做馅包饼吃，不仅味道鲜美，还有一定的食疗作用。历代中医都认为马兰头具有清热止痢、消炎解毒等功效。

「瓠瓜」

瓠瓜，为葫芦科葫芦属一年生蔓性草本。瓠瓜幼果味清淡，品质柔嫩，适于煮食。在河北一带的某些地区，"瓠瓜"专指西葫芦，"瓠子"则用来专指瓠瓜。其食用部分为嫩果，瓠瓜品质细嫩柔软，稍有甜味，去皮后全可食用。可炒食或煨汤。

「韭菜」

　　韭菜又叫起阳草，味道非常鲜美，还有其独特的香味。韭菜的独特辛香味是其所含的硫化物形成的，这些硫化物有一定的杀菌消炎作用，有助于人体提高自身免疫力。初春时节的韭菜品质最佳，晚秋的次之，夏季的最差，有"春食则香，夏食则臭"之说。

「茼蒿」

　　茼蒿有蒿之清气、菊之甘香。据中国古药书载，茼蒿性平，味甘、辛，无毒，有"安心气，养脾胃，消痰饮，利肠胃"之功效。为菊科一年生或二年生草本植物，叶互生，长形羽状分裂，花黄色或白色，与野菊花很像。瘦果棱，高0.7～1米，茎叶嫩时可食，亦可入药。

番石榴

　　果形有球形、椭圆形、卵圆形及洋梨形，果皮普遍为绿色、红色、黄色，果肉有白色、红色、黄色等。肉质细嫩、清脆香甜、爽口舒心、常吃不腻，是养颜美容的最佳水果。

青枣

　　青枣营养丰富，脆甜可口，含有大量维生素C、钙、磷、B族维生素、胡萝卜素等，素有"维生素丸"之称，有"日食三枣，长生不老"之说。果实鲜食，营养丰富，具有净化血液、帮助消化、养颜美容等保健作用。由于其果形优美而具苹果、梨、枣的风味，台湾青枣也享有"热带小苹果"的美誉。

樱桃

果实可以作为水果食用，外表色泽鲜艳、晶莹美丽、红如玛瑙，黄如凝脂，果实富含糖、蛋白质、维生素及钙、铁、磷、钾等多种元素。李时珍曰："樱桃树不甚高。春初开白花，繁英如雪。叶团，有尖及细齿。结子一枝数十颗，三月熟时须守护，否则鸟食无遗也。盐藏、蜜煎皆可，或同蜜捣作糕食，唐人以酪荐食之。"

莲雾

果实顶端扁平，下垂状表面有蜡质的光泽。果肉呈海绵质，略有苹果香味。莲雾的种类很多，果色鲜艳，有的呈青绿色，有的呈粉红色，还有的呈大红色。莲雾的果实中含有蛋白质、脂肪、碳水化合物及钙、磷、钾等矿物质，可清热利尿和安神，对咳嗽、哮喘也有效果。

枇杷

枇杷就是枇杷树结的果实，味道甘美，形如黄杏。枇杷柔软多汁，风味酸甜，随着生物科技的发展应用，如今的枇杷口味甘甜，肉质细腻，每年三四月份为盛产的季节，富含人体所需的各种营养元素，是营养丰富的保健水果。

桑葚

桑葚是桑科桑属多年生木本植物桑树的果实，椭圆形，长1～3厘米，表面不平滑。未成熟时为绿色，逐渐成长变为白色、红色，成熟后为紫红色或紫黑色，味酸甜。桑葚中含有多种功能性成分，如芦丁、花青素、白黎芦醇等，具有良好的防癌、抗衰老、抗溃疡、抗病毒等作用。

Part 2

春季凉菜篇

LAOGANMABANZHUGAN

老干妈拌猪肝

主辅料

卤猪肝、老干妈辣酱。

调料

红椒、葱花、盐、味精、生抽、辣椒油各适量。

做法

1. 将卤猪肝切薄片，装入碗中。将洗净的红椒切开，去籽，切成丝。
2. 在装有卤猪肝片的碗中加入红椒丝，加入老干妈辣酱，撒上少许葱花。
3. 加入少许盐、味精、生抽，淋入少许辣椒油，拌匀，装入盘中即成。

成菜特点

猪肝有补血健脾、养肝明目的功效，可用于防治贫血、头昏、视力模糊等病症。

操作要领：拌制此菜时，加入少许香油，味道会更加鲜香。

ZHUGANBANHUANGGUA

猪肝拌黄瓜

 主辅料

猪肝、黄瓜、
香菜。

 调料

盐、酱油、醋、
味精、香油各
适量。

做法

1. 黄瓜洗净切条；香菜择洗干
   净，切小段。
2. 猪肝洗净切小片，放入开水中
   氽熟，捞出后冷却。
3. 将黄瓜摆在盘内，放入猪肝、
   盐、酱油、醋、味精、香油，
   撒上香菜，拌匀即可。

成菜特点
口味爽口，清
香四溢。

操作要领：猪肝可
以切得细碎一点，
会更方便食用。

蒜香皮蛋菠菜
SUANXIANGPIDANBOCAI

 主 辅 料

去皮胡萝卜、菠菜、皮蛋、蒜头。

🧂 调料

盐、鸡粉、食用油各适量。

🍲 做 法

1. 胡萝卜修整成"凸"字形，改切成片；菠菜切长段；皮蛋切块。
2. 锅中注水烧开，倒入菠菜段，焯煮至断生，捞出装盘，待用。
3. 用油起锅，倒入蒜头，爆香；放入胡萝卜片、皮蛋块，炒匀。
4. 注入适量清水，加入盐、鸡粉，炒匀，煮约2分钟至熟，浇在菠菜上即可。

沙姜菠菜
SHAJIANGBOCAI

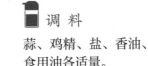

🥣 主 辅 料

菠菜、沙姜。

🧂 调料

蒜、鸡精、盐、香油、食用油各适量。

 做 法

1. 菠菜洗净去根叶；沙姜、蒜去皮，洗净剁蓉。
2. 锅上火注水，加油、盐，水沸后下菠菜茎焯一下，捞出沥水，装碗；锅上火，注入油烧热，下沙姜末爆香，盛出，调入装有菠菜的碗里，加入盐、香油、蒜蓉、鸡精，拌匀即可。

成菜特点

沙姜有奇特的辛香味，能温中散寒，菠菜富含铁质，能补充身体所需，二者结合，可促进新陈代谢，改善体质。

BOCAIBANHETAOREN

菠菜拌核桃仁

【主辅料】
菠菜、核桃仁。

【调料】
香油、盐、鸡精、蚝油各适量。

【做法】
1.菠菜洗净，焯水，装盘待用；核桃仁洗净，入沸水锅中焯水至熟，捞出，倒在菠菜上。
2.用香油、蚝油、盐和鸡精调成味汁，淋在菠菜、核桃仁上，搅拌均匀即可。

成菜特点

菠菜有时候很难做，但是简单的凉拌就是不错的选择，清淡爽口，还不会导致营养流失。

操作要领：烹调前将菠菜放入沸水锅中焯煮一会儿，可以减少其草酸的含量。

HUASHENGBANBOCAI

花生拌菠菜

主辅料

菠菜、花生米。

调料

盐、味精、香油、食用油各适量。

做法

1. 菠菜去根洗净，入开水锅中焯水后捞出沥干；花生米洗净。
2. 油锅烧热，下花生米炸熟。
3. 将菠菜、花生米同拌，调入盐、味精拌匀，淋入香油即可。

成菜特点

菠菜的蛋白质含量高于其他蔬菜，清淡的味道加上花生简单拌制更添鲜香，味道更加美味好吃。

操作要领：菠菜含较多草酸，不宜与含钙丰富的食物共煮，否则易形成草酸钙，不利于人体吸收，对肠胃也有不利的影响。烹调菠菜时先用开水烫一下，可除去其80%的草酸。

XIAODOUMIAOBANHETAOREN

小豆苗拌核桃仁

 主辅料
小豆苗、熟核桃。

 调料
盐、白糖、醋、芝麻油各适量。

做法

1. 小豆苗用开水洗净后，盛盘备用。
2. 准备研钵，放入核桃捣碎。
3. 将盐、白糖、醋及芝麻油放在小碗里搅拌均匀。
4. 将酱汁均匀地撒在小豆苗上，最后撒上核桃碎增香即可。

成菜特点
脆嫩清香，佐餐佳品。

操作要领：豆苗焯水时间不宜过长，以免失去脆嫩的口感。

BABAOBOCAI

八宝菠菜

主辅料

菠菜、熟花生米、圣女果片、熟芝麻。

调料

盐、味精、白醋、麻油各适量。

做法

1. 菠菜去根洗净，入沸水焯熟，捞出放入碗中待用。
2. 将盐、白醋、麻油、味精一起放入菠菜碗中搅拌均匀。
3. 再向盘中撒上熟花生米、熟芝麻和圣女果片即可。

成菜特点

此菜色彩丰富、鲜艳，味道鲜美，清淡爽口。

操作要领：余好水的菠菜一定要沥干，以免水分太多影响口感。

SUANXIANGKOUMOBOCAIJUAN

蒜香口蘑菠菜卷

 主辅料

蒜苗、菠菜、口蘑、洋葱。

 调料

姜片、蒜末、葱段、盐、鸡粉、料酒、生抽、水淀粉、食用油各适量。

做法

1. 食材洗净，蒜苗切段，口蘑切片，菠菜取菜叶，洋葱切块。
2. 锅中注水烧开，加入食用油、菠菜叶，烫软，捞出。
3. 把口蘑倒入沸水锅中，搅匀，煮至七成熟，捞出，沥干水分。
4. 起油锅，放入姜片、蒜末、葱段、蒜苗梗，炒香，倒入洋葱、口蘑、料酒，加入生抽、盐、鸡粉、蒜苗叶，炒匀，加入水淀粉炒匀，将菠菜叶铺在盘中，盛出食材装盘即可。

DOUPIBANDOUMIAO

豆皮拌豆苗

 主辅料

豆皮、豆苗、花椒。

 调料

葱花、盐、鸡粉、生抽、食用油各适量。

做法

1. 豆皮切丝，再切两段。
2. 沸水锅中倒入豆苗，煮至断生，捞出；再倒入豆皮，煮去豆腥味，捞出，沥干水分，装碗，撒上葱花待用。
3. 另起锅注油，倒入花椒，炸出香味，捞出花椒。
4. 将花椒油淋在豆皮和葱花上，放上豆苗，加盐、鸡粉、生抽，拌匀即可。

SHUANGKOUWOSUNSI

爽口莴笋丝

主辅料

莴笋、熟白芝麻、香菜。

调料

盐、生抽、香油、醋各适量。

做法

1. 莴笋削皮，洗净，切成细丝；香菜洗净，备用。
2. 锅倒水烧沸，放入莴笋丝焯烫30秒左右，捞出过冷水沥干后，装盘。
3. 加盐、生抽、香油、醋、熟白芝麻、香菜拌匀后即可。

成菜特点

清淡脆爽。

操作要领：焯好的莴笋可以过一下冷水，这样吃起来口感更爽脆。

QINCAIBANXIANGGAN
芹菜拌香干

 主辅料

芹菜、香干、红椒。

 做法

1. 芹菜用清水洗净,然后用刀将其切成长段;香干用清水洗净,用刀将其切成条;红椒洗净,切丝。
2. 锅内注水烧沸,放入芹菜、香干、红椒丝焯熟后,捞起沥干并装入盘中。
3. 加入盐、味精、醋、香油拌匀即可。

调料

盐、味精、醋、香油各适量。

成菜特点

鲜香不腻。

操作要领:香干不可煮制太久,否则会影响成品的口感。

凉拌嫩芹菜

 主 辅 料

芹菜、胡萝卜。

调料

蒜末、葱花、盐、鸡粉、芝麻油、食用油各适量。

做 法

1. 将备好的芹菜洗净，再切成小段，备用。
2. 将备好的胡萝卜洗净，再切成细丝。
3. 锅中注水烧开，加食用油、盐，放入胡萝卜片、芹菜段，煮至断生后捞出，沥干，备用。
4. 将沥干水的食材放入碗中，加盐、鸡粉，撒上蒜末、葱花，淋入芝麻油，搅拌至食材入味即可。

香椿拌豆腐

主 辅 料

香椿、豆腐。

调料

精盐、味精、香油各适量。

做 法

1. 豆腐切成丁，入沸水中焯一下，捞出晾冷；香椿洗净、焯水，切成碎末。
2. 豆腐装入盆内，撒香椿碎末，加进味精、盐、香油拌匀，盛入盘中即成。

ZHENGTONGHAO

蒸茼蒿

主辅料

茼蒿、面粉、蒜末。

调料

生抽、芝麻油各适量。

做法

1. 将择洗好的茼蒿切成同等的长段。
2. 取一个大碗，倒入茼蒿、面粉，拌匀，装入盘中待用。
3. 蒸锅上火烧开，放入茼蒿，盖上锅盖，大火蒸2分钟至熟。
4. 在蒜末中倒入生抽、芝麻油，搅拌匀制成味汁；蒸熟后掀开锅盖，将茼蒿取出装入盘中，配上味汁即可食用。

成菜特点

清淡滑嫩。

操作要领：洗好的茼蒿一定要将其沥干再烹制，以免影响口感。

XIANGCHUNBAIROUJUAN

香椿白肉卷

[主辅料]

五花肉、香椿苗、蒜末。

[调料]

盐、味精、辣椒酱、红油各适量。

[做法]

1. 五花肉洗净，入沸水煮熟捞出，切片卷成卷；香椿苗洗净。
2. 用盐、味精、蒜末、辣椒酱、红油调成味汁。
3. 肉卷裹香椿装盘，淋味汁即可。

成菜特点

口感脆嫩鲜香，肥而不腻。

- - - - - - - - - - -

操作要领：肉片不要切得太薄，以免卷的时候肉片碎掉。

核桃仁拌菜心

 主辅料

核桃仁、菜心。

🍶 调料

红辣椒、香油、盐、味精各适量。

🍚 做法

1. 红辣椒洗净切丁；菜心洗净切小段，放进沸水中烫熟，捞起控干水，晾凉装盘备用。
2. 核桃仁洗净，与菜心、红椒丁一起装盘，拌上香油、盐和味精即可。

成菜特点

鲜糯爽口，清爽下饭。

操作要领：菜心不宜在沸水中焯烫过久，以免失去翠绿的外观。

LIANGBANKUGUA
凉拌苦瓜

主辅料
苦瓜、红辣椒。

调料
豆瓣酱、蒜泥、香油、酱油、盐、味精各适量。

做法
1. 苦瓜去瓜蒂、去瓤，切成条，放入开水锅中烫一下捞出，用凉开水过凉，装盘；红辣椒去蒂、去籽洗净，切成细丝，用盐腌5分钟，挤干水分。
2. 将蒜泥与红辣椒丝混合，加入酱油、豆瓣酱、味精、香油调匀，浇于苦瓜上，拌匀即可。

成菜特点
清热解毒，爽口清脆。

操作要领：苦瓜用开水烫可去苦味；辣椒用盐腌，可去掉一些辣味。要注意一定要用加冰的水，这样苦瓜看起来是翠绿的颜色，色泽度非常好。

Part 3

春季热菜篇

JIANGROUCHUNSUN
酱肉春笋

主 辅 料

酱肉、春笋。

调 料

盐 、 鸡 精 、 清
汤 、 青 椒 、 红
椒 、 葱 、 食用 油
各 适量。

做 法

1. 酱肉洗净切薄片；春笋洗净切
   条后焯烫捞出；青红椒洗净
   去籽切丝；葱洗净，取葱白
   切丝。
2. 油锅烧热，下酱肉煸炒，放春
   笋同炒。
3. 锅内倒入清汤，加盐、鸡精调
   匀，撒青红椒丝及葱丝即可。

成菜特点

原汁原味，清香
爽脆。

操作要领：春笋
质地细嫩，不宜
炒制过久，否则
影响口感。

CHUNSUNSHAOHUANGYU

春笋烧黄鱼

 主辅料

黄鱼、春笋。

 调料

姜末、蒜末、葱花、鸡粉、胡椒粉、豆瓣酱、料酒、食用油各适量。

做法

1. 春笋洗净切成薄片；黄鱼切上花刀。
2. 锅中注水烧开，倒入春笋，淋入料酒，略煮片刻，捞出。
3. 用油起锅，放入黄鱼，煎至两面断生；倒入姜末、蒜末，炒香；放入豆瓣酱，炒出香味。
4. 注入清水，倒入春笋，淋入料酒，拌匀，盖上盖，小火焖15分钟；加鸡粉、胡椒粉，煮至食材入味，撒上葱花即可。

成菜特点

春笋能清热化痰，黄鱼能健脾升胃，用春笋烧黄鱼，不仅笋香四溢，还使鱼香扑鼻！

操作要领：将黄鱼裹上少许面粉再煎，可以使鱼肉更鲜嫩。

CHUNSUNHONGSHAOROU

春笋红烧肉

 主 辅 料

五花肉、春笋。

🗄 调料

香叶、八角、葱段、姜片、盐、老抽、生抽、料酒、水淀粉、食用油各适量。

🍲 做 法

1. 洗净去皮的春笋切滚刀块；洗好的五花肉切成块。
2. 锅中注水烧开，倒入春笋块，煮约6分钟，捞出；再放入肉块，加料酒，汆去血水后捞出。
3. 油锅爆香姜片、葱段，放入肉块，淋入适量料酒，炒香，加生抽，注水，加盐、老抽，拌匀。
4. 倒入春笋，撒上香叶、八角，焖煮至食材熟透，用水淀粉勾芡即成。

ZHUGANBAOYANGCONG

猪肝爆洋葱

 主 辅 料

猪肝、洋葱。

🗄 调料

盐、料酒、辣椒酱各适量。

🍲 做 法

1. 猪肝洗净，沥干水分后，切片，加入盐、料酒腌渍入味；洋葱洗净，切丝。
2. 锅中注油烧至六七成热，下洋葱炒香，再放入猪肝片煸炒，至猪肝片变色。
3. 加入辣椒酱，翻炒片刻，装盘即可。

成菜特点

洋葱在生的时候味道刺偏辣，加热会使味道变得甘甜鲜香，不仅能给猪肝去除腥味，还给猪肝增色不少。

MUERYUANJIAOCHAOZHUGAN
木耳圆椒炒猪肝

主辅料

猪肝、木耳、青圆椒、红圆椒。

调料

葱、盐、味精、胡椒粉、食用油各适量。

做法

1. 猪肝洗净切片，木耳泡发撕片，青红圆椒去蒂洗净切片，葱洗净切末。
2. 将所有切好的材料入沸水稍焯捞出。
3. 油锅烧热，下入所有材料和调料炒匀即可。

成菜特点

爽脆可口，鲜香味厚。

操作要领：猪肝要现切现做，因为放置的时间一长胆汁就会流出，不仅损失养分，而且炒熟后有许多颗粒凝结在猪肝上，影响外观。

TIEBANZHUGAN

铁板猪肝

主辅料

猪肝、泡椒。

调料

朝天椒、盐、淀粉、姜末、蒜末、食用油各适量。

做法

1. 猪肝洗净切片；泡椒、朝天椒均洗净切段；猪肝片用淀粉、盐腌渍。
2. 锅中加油烧热，下入泡椒、朝天椒、姜末、蒜末爆香，再加入猪肝炒至熟，再装入烧热的铁板中即可。

成菜特点

味道浓郁，口感丰富。

操作要领：猪肝容易变得腥硬，适量多放些油。

YANGCONGQINCAIZHUGAN

洋葱芹菜猪肝

 主辅料

猪肝、洋葱、芹菜。

 调料

盐、胡椒粉、酱油、料酒、干辣椒、花椒、食用油各适量。

做法

1. 猪肝洗净，切片；洋葱洗净，切片；芹菜、干辣椒洗净，切段。
2. 油锅烧热，入花椒、干辣椒炒香，再入猪肝、洋葱、芹菜同炒至熟。
3. 调入盐、胡椒粉、酱油、料酒炒匀即可。

成菜特点

猪肝脆嫩，加入香芹做配菜，口感更丰富。

操作要领：猪肝不宜炒得太嫩，否则有毒物质就会残留其中，可能诱发癌症、白血病。

MALAZHUGAN
麻辣猪肝

主辅料

猪肝、花生。

调料

盐、味精、干椒段、淀粉、姜、花椒、葱、食用油各适量。

做法

1. 猪肝入清水中浸泡30分钟，捞出切成薄片；葱洗净切成葱花；花生、花椒洗净沥干备用。

2. 将干椒段、花生、花椒入油锅炸出香味，下入猪肝片炒熟，加入盐、味精、葱花，用水淀粉调味即可。

成菜特点

口感坚软香醇，麻辣鲜香。

操作要领：买回猪肝后要在自来水龙头下冲洗一下，然后置于盆内浸泡1~2小时消除残血，注意水要完全浸没猪肝。

SHUIZHUZHUGAN

水煮猪肝

 主辅料　 调料

猪肝、白菜。　　　　姜片、葱段、蒜末、盐、鸡粉、料酒、水淀粉、豆瓣酱、生抽、辣椒油、花椒油、食用油各适量。

 做法

1. 将白菜切成细丝；猪肝切成薄片，放入碗中，加入盐、鸡粉、料酒，倒入水淀粉，拌匀，腌渍至其入味。锅中注入适量清水烧开，倒入适量食用油，放入盐、鸡粉。

2. 倒入白菜丝，略煮片刻，拌匀，煮至熟软，捞出白菜丝，沥干水分，装入盘中。用油起锅，倒入姜片、葱段、蒜末，爆香，放入豆瓣酱，炒匀、炒散。倒入腌渍好的猪肝片，炒至变色，淋入料酒，炒匀。锅中注入少许清水，淋入生抽，放入盐、鸡粉，拌匀调味。

3. 加入辣椒油、花椒油，拌匀，煮至沸，倒入水淀粉，用锅勺搅拌匀，关火把煮好的猪肝盛入盘中即成。

TUFEIZHUGAN

土匪猪肝

 主 辅 料　　 调料

猪 肝 、炸 花　　　干辣椒、大葱、姜片、
生米。　　　　　　盐、蚝油、辣椒油、水
　　　　　　　　　淀粉、生粉、葱姜酒
　　　　　　　　　汁、食用油各适量。

 做 法

1. 猪肝洗净切片，用葱姜酒汁、生粉、盐拌匀，腌渍片刻；干辣椒、大葱洗净切段。

2. 热锅注油，倒入猪肝片炒至断生，放入干辣椒、大葱、姜片、炸花生米炒香，加盐、蚝油、辣椒油、水淀粉炒匀，出锅盛入盘中即成。

XIAOCHAOZHUGAN

小炒猪肝

主辅料

猪肝、蒜苗、红椒。

调料

盐、蒜、鸡精、酱油、食用油各适量。

做法

1. 猪肝洗净，切片；蒜苗洗净，切段；红椒去蒂、去籽，洗净，切圈；蒜去皮洗净，切末。
2. 热锅下油，下入蒜末、红椒炒香，然后放入猪肝快炒，再放入蒜苗，加入盐、鸡精、酱油调味，最后炒熟装盘即可。

成菜特点

把蒜苗和红椒拿来炒猪肝，趁着刚出锅的热辣劲头，赶紧一享为快。

操作要领：鲜猪肝可先在清水里浸泡约30分钟，这样有利于分解猪肝中的毒素。

MALAHUASHENGZHUGAN

麻辣花生猪肝

 主 辅 料

猪肝、花生米。

调 料

蒜苗、盐、料酒、酱油、香油、花椒、姜末、干辣椒、食用油各适量。

 做 法

1. 猪肝洗净切片，加盐、料酒、酱油腌渍；蒜苗、干辣椒均洗净切段。

2. 油锅烧热，入干辣椒、花椒、姜末、花生米炒香，再入猪肝炒熟。

3. 放入蒜苗翻炒片刻，调入香油炒匀即可。

成菜特点

营养丰富，味道浓厚，下饭最好。

操作要领：可把猪肝里面的血管剔除，洗净血污，这样会减少其异味。

JIUCAIDOUYAZHENGZHUGAN
韭菜豆芽蒸猪肝

 主辅料

猪肝、豆芽、韭菜、姜丝。

调料

干淀粉、料酒、生抽、盐、鸡粉、食用油、胡椒粉各适量。

做法

1. 洗好的豆芽切三刀，切成段；洗好的韭菜切成段；处理好的猪肝切成片。
2. 猪肝片倒入碗中，淋入料酒、生抽，再放入盐、鸡粉、胡椒粉、姜丝，搅拌匀，腌渍10分钟。
3. 倒入干淀粉，拌匀，淋入食用油，再倒入韭菜段、豆芽段，搅拌片刻，倒入盘中。
4. 电蒸锅注水烧开上汽，放入食材，盖上锅盖，调转旋钮定时蒸6分钟，待6分钟后，掀开锅盖，将食材取出即可。

QINGHONGJIAOCHAOZHUGAN
青红椒炒猪肝

 主辅料

猪肝、青红椒。

调料

水淀粉、盐、姜末、料酒、食用油各适量。

做法

1. 青红椒、猪肝均洗净，切成薄片，猪肝片加盐、水淀粉拌匀。
2. 锅中倒入清水，烧至八成开时，放入浆好的猪肝片煮至七成熟时捞出沥水。
3. 锅加油烧热，爆香姜末，加青红椒略炒，倒入猪肝，加料酒、盐炒匀即可。

HUANGHUACHAOBOCAI

黄花炒菠菜

主辅料

黄花菜、菠菜、红椒。

调料

盐、食用油各适量。

做法

1. 黄花菜用水泡发，待其洗净后焯水待用；菠菜洗净；红椒用清水洗净，用刀将其切成丝。
2. 热锅入油，放入菠菜爆炒片刻，再放入黄花菜、红椒翻炒，调入盐，炒熟装盘即可。

成菜特点

清香爽口，秀色可餐。

操作要领：鲜黄花菜在烹饪前用少许清水浸泡一会，更容易炒熟。

QINGJIAOZHUJINGROU
青椒猪颈肉

主辅料
猪颈肉、茶树菇、青椒、红椒。

调料
盐、酱油、红油、老干妈辣酱、食用油各适量。

做法
1. 猪颈肉洗净切块；茶树菇泡发洗净；青椒去蒂洗净切条；红椒去蒂洗净切圈。
2. 油锅烧热，下猪颈肉略炸，加盐、酱油、红油、老干妈辣酱调味。
3. 锅留油，放青椒、红椒、茶树菇与猪颈肉炒熟，装盘即可。

成菜特点
猪颈肉肉质鲜嫩，入喉爽口滑顺，口劲适中，食用后可改善缺铁性贫血，增强人体免疫力。

操作要领：如果家中没有老干妈辣酱，也可以在炒菜时用少许豆瓣酱或者黄豆酱代替，味道也很好。

QINGJIAOCHAOSHANYU

青椒炒鳝鱼

 主辅料

青椒、鳝鱼。

调料

盐、酱油、姜、蒜、香油、食用油各适量。

 做法

1. 鳝鱼洗净切段，用盐、酱油腌渍；青椒洗净切圈；姜、蒜洗净去皮，切片。
2. 油锅烧热，下入青椒、姜、蒜、鳝段，用大火煸炒3分钟。
3. 加适量水焖煮熟，放盐、味精、香油调味，盛盘即可。

成菜特点

鳝鱼鲜嫩滑爽的口感加上补血养精的功效简直就是完美。

操作要领：鳝鱼入开水锅中氽烫时，可适量加入料酒，以便有效去除鳝鱼的腥味。

MAYOUJIANGBIANZHUGAN

麻油姜煸猪肝

主辅料

猪肝、姜、米酒。

调料

盐、芝麻油各适量。

做法

1. 猪肝洗净，切片；姜洗净，切片。
2. 取大碗，将猪肝、米酒放入一起抓腌。
3. 取一锅，用芝麻油爆香姜片，待香味传出后，再下猪肝。
4. 猪肝煎至熟透后，加盐拌炒均匀，即可起锅食用。

成菜特点

咸鲜味浓，香味浓郁。

操作要领：猪肝的筋膜要除去，否则不易嚼烂、消化。

PAOJIAOBAOZHUGAN

泡椒爆猪肝

 主辅料

猪肝、水发木
耳、胡萝卜、青
椒、泡椒。

调料

姜片、蒜末、葱段、
盐、鸡粉、料酒、豆瓣
酱、水淀粉、食用油各
适量。

做法

1. 洗好的木耳切小块；青椒去籽切小块；胡萝卜去皮切片；泡椒对半切开；猪肝切成薄片。
2. 猪肝装入碗中，放少许盐、鸡粉、料酒、水淀粉，腌渍10分钟至其入味。锅中注入清水烧开，加少许盐、食用油，倒入木耳、胡萝卜煮约半分钟，捞出备用。
3. 起油锅，用姜片、葱段、蒜末爆香，将猪肝炒至变色，淋料酒。放入豆瓣酱，翻炒，倒入木耳、胡萝卜、青椒、泡椒，炒匀。
4. 加入适量水淀粉、盐、鸡粉炒匀调味即可。

PEIGENCHAOBOCAI

培根炒菠菜

 主辅料

菠菜、培根、
蒜片。

调料

盐、鸡粉、料酒、生
抽、白胡椒粉、食用油
各适量。

做法

1. 菠菜洗净，切段；培根洗净，切段。
2. 用油起锅，倒入蒜片，用大火爆香。
3. 倒入培根，翻炒片刻；加适量料酒、生抽、白胡椒粉，炒匀；放入菠菜段，炒至软；加盐、鸡粉，炒至食材入味，盛出即可。

成菜特点

培根的烟熏香和菠菜的清香紧紧缠绕在一起，独特到令人兴趣满满。

QINGJIAOHUIGUOROU

青椒回锅肉

主辅料

五花肉、青椒、蒜苗段、红椒。

调料

姜片、蒜末、郫县豆瓣、盐、味精、料酒、老抽、水淀粉、食用油各适量。

做法

1. 洗净的五花肉煮至断生，捞出。
2. 洗净的青椒切小块；洗好的红椒切小块；把放凉的五花肉切薄片。
3. 用食用油起锅，倒入五花肉片，炒干水汽，加入盐、味精、料酒、老抽。
4. 撒入姜片、蒜末、蒜苗段，炒香。
5. 放入青椒块、红椒块、郫县豆瓣炒匀。
6. 用水淀粉勾芡，炒熟入味即成。

成菜特点

典型的四川家常菜，且香气浓郁，咸鲜微辣略回甜，肥而不腻，非常下饭。

操作要领：煮五花肉时可加入少许的香料，能使菜肴整体的口感更加醇美。

QINGJIAOROUMOCHAOHUANGDOUYA

青椒肉末炒黄豆芽

 主辅料

黄豆芽、胡萝卜、青椒、猪绞肉。

调料

盐、食用油各适量。

 做法

1. 黄豆芽洗净，去尾；青椒洗净后剖半、去籽，切丝；胡萝卜洗净，切丝。
2. 起油锅，放入猪绞肉，中火慢煎出猪油。
3. 加入胡萝卜、黄豆芽一起拌炒，炒至胡萝卜、黄豆芽都熟透。
4. 放入青椒、盐一起拌炒均匀，待青椒熟软后便可起锅食用。

成菜特点

脆嫩的豆芽在青椒与肉末的双重催发下变得更加鲜美。

操作要领：黄豆芽下锅后，适当加些食醋，可减少维生素C和维生素B_2的流失。

西红柿青椒炒茄子

主辅料

青茄子、西红柿、青椒。

调料

花椒、蒜末、盐、白糖、鸡粉、水淀粉、食用油各适量。

做法

1. 青茄子洗净，切滚刀块；西红柿洗净，切小块；青椒洗净，切小块。
2. 热锅注油，烧至三四成热，倒入茄子，中小火略炸；放入青椒块，炸出香味，一起捞出，沥干油。
3. 用油起锅，下入花椒、蒜末爆香，倒入炸过的食材、西红柿，炒出水分。
4. 加盐、白糖、鸡粉，炒匀调味，淋入水淀粉勾芡，炒匀即成。

青椒酱炒杏鲍菇

主辅料

杏鲍菇、青椒、干辣椒。

调料

盐、鸡粉、水淀粉、食用油、蒜末、葱段、豆瓣酱、食用油各适量。

做法

1. 青椒斜刀切块；杏鲍菇切菱形片。
2. 沸水锅中倒入杏鲍菇，焯煮至断生，捞出，待用。
3. 另起锅注油，倒入蒜末、干辣椒，爆香；倒入豆瓣酱，炒香；倒入杏鲍菇，炒匀；放入青椒，炒至熟透；注入清水，加盐、鸡粉，炒匀；淋入水淀粉勾芡；倒入葱段，炒出香味即可。

QINGJIAOZHENGQIEZI
青椒蒸茄子

主辅料
青椒、茄子。

调料
盐、酱油、红椒、味精、食用油各适量。

做法
1. 茄子洗净，切条，摆盘；青椒、红椒洗净，切块。
2. 油锅烧热，放入青椒、红椒爆香，放盐、味精、酱油调成味汁，淋在茄子上。
3. 将盘子放入锅中，隔水蒸熟即可。

成菜特点
清香细腻，酱香可口。

操作要领：切好的茄子若不立即使用可放在盐水中浸泡，以免氧化变黑。

HUPIQINGJIAO

虎皮青椒

主辅料

青椒。

调料

蒜末、豆豉、盐、味精、鸡粉、蚝油、陈醋、水淀粉、食用油各适量。

做法

1. 将备好的豆豉切碎；洗净的青椒入油锅炸至呈虎皮状，捞出沥油。

2. 起油锅，炒香蒜末、豆豉碎，注水，调入蚝油、盐、味精、鸡粉、陈醋。

3. 中火略煮至沸腾，倒入水淀粉，拌至汁水收浓，倒入青椒，炒匀。

4. 焖煮约1分钟至熟软、入味，盛出装盘，摆好盘即成。

成菜特点

虎皮青椒，原料便宜，做工简单。成菜后，气味清香，口感鲜嫩，绵而不烂。

- - - - - - - - - - - - - -

操作要领：青椒应在热锅中充分翻炒，防止青椒表面过热变糊。

ZHUROUTUDOUPIAN
猪肉土豆片

 主辅料

土豆、猪肉。

调料

盐、姜末、蒜末、辣椒酱、鸡精、醋、蒜苗、食用油各适量。

做法

1. 土豆去皮洗净切片；猪肉洗净切片；蒜苗洗净斜刀切段。
2. 油锅烧热，炒香姜、蒜末，放土豆片滑炒至八成熟，放猪肉煸炒，加盐、鸡精、辣椒酱、醋炒匀，快熟时，放入蒜苗略炒，装盘即可。

成菜特点

咸香味浓，口感松软。

操作要领：土豆焯水后可以放入冷水中浸泡片刻，以保证成品的爽脆口感。

MOGUCHAOQINGJIAO

蘑菇炒青椒

主辅料

蘑菇、青椒、
芝麻。

调料

盐、食用油各
适量。

做法

1. 将蘑菇、青椒清洗干净；青椒
   仔细去籽、去蒂头。
2. 蘑菇切下蒂头后，与其余部分
   一起切成薄片。
3. 青椒切成四等份之后，再按2
   厘米长度切开。
4. 在平底锅里倒入食用油，放入
   蘑菇和青椒拌炒至熟。
5. 放入盐，再撒上芝麻拌匀，最
   后将锅里的食材均匀地盛在盘
   中即可食用。

成菜特点

滑嫩爽口，微
辣口感让你停
不下来。

操作要领：如果
选用袋装口蘑烹
饪，清洗时应多
漂洗几遍，以去
掉化学物质。

QINGJIAODOUCHIYANJIANROU

青椒豆豉盐煎肉

 主辅料

五花肉、青椒、红椒、豆豉、姜片、蒜末、葱段。

调料

辣椒酱、老抽、料酒、生抽、食用油各适量。

做法

1. 锅中注入适量清水烧开，放入洗净的五花肉。盖上盖，用中火煮约15分钟，至其熟软。揭盖，捞出煮好的五花肉，沥干水分，放凉待用。
2. 将洗净的青椒切圈；洗好的红椒切圈。把放凉的五花肉切成薄片，备用。
3. 用油起锅，倒入肉片，炒至出油，淋上老抽，炒匀上色。倒入生抽，炒香炒透，放入豆豉、姜片、蒜末、葱段，炒匀。淋入料酒，炒匀提味，放入切好的青椒、红椒，翻炒匀。再加入辣椒酱，用中火翻炒片刻，至食材入味。关火后盛出炒好的菜肴，装入盘中即成。

CAIJIAOMUERCHAOBAIHE

彩椒木耳炒百合

 主辅料

鲜百合、水发木耳、彩椒。

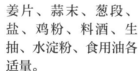 调料

姜片、蒜末、葱段、盐、鸡粉、料酒、生抽、水淀粉、食用油各适量。

 做法

1. 彩椒洗净切小块；木耳洗净切成小块。锅中注水烧开，加少许盐，放入木耳、彩椒、百合，煮至断生，捞出。
2. 用油起锅，放入姜片、蒜末、葱段，爆香；倒入焯好的食材，淋入适量料酒，翻炒均匀。
3. 加生抽、盐、鸡粉，炒匀调味；淋入水淀粉勾芡，炒匀即可。

CAIJIAOBAOXIANYOU

彩椒爆鲜鱿

主辅料

鱿鱼、青椒、红椒。

调料

盐、味精、料酒、香油、食用油各适量。

做法

1. 鱿鱼洗净，沥干水分，切圈；青、红椒均洗净，沥干水分，切圈。
2. 锅中注入适量的油，烧至七八分热，放入鱿鱼爆炒，再放入青、红椒一同翻炒片刻。
3. 加入盐、味精、料酒调味，炒匀，淋入香油即可。

成菜特点

肉质爽脆，有嚼劲。

操作要领：爆炒鱿鱼时要经常翻动，否则易老变硬，影响口感。

ZHENZHUWOSUNCHAOBAIYUGU

珍珠莴笋炒白玉菇

 主辅料

水发珍珠木耳、
去皮莴笋、白
玉菇。

调料

蒜末、盐、鸡
粉、料酒、水淀
粉、食用油各
适量。

做法

1. 莴笋切菱形片；白玉菇切
成段。
2. 锅中注水烧开，倒入珍珠木
耳、白玉菇、莴笋，焯煮片
刻，捞出。
3. 用油起锅，放入蒜末，大火
爆香。
4. 倒入珍珠木耳、白玉菇、莴
笋，淋入料酒，翻炒至熟，加
盐、鸡粉、水淀粉，炒至食材
入味即可。

成菜特点
清爽鲜香，滑
嫩润口。

操作要领：白玉
菇味道比较鲜
美，在烹饪过
程中可少加鸡
粉，以免抢了其
鲜味。

 MUERCAIJIAOCHAOLUSUN

木耳彩椒炒芦笋

 主辅料

去皮芦笋、水发珍珠木耳、彩椒、干辣椒。

🧂 调料

姜片、蒜末、盐、鸡粉、料酒、水淀粉、食用油各适量。

🍲 做法

1. 芦笋洗净，切成段；彩椒洗净，切成粗条。
2. 锅中注水烧开，倒入珍珠木耳、芦笋段、彩椒条，焯煮片刻，捞出，沥干水分。
3. 用油起锅，放入姜片、蒜末、干辣椒，爆香。
4. 倒入焯煮好的食材，淋入料酒，炒匀；注入清水，加盐、鸡粉、水淀粉，翻炒至熟即可。

 CAIJIAOCHAOZHUYAO

彩椒炒猪腰

 主辅料

猪腰、彩椒。

🧂 调料

姜末、蒜末、葱段、盐、鸡粉、料酒、生粉、水淀粉、蚝油、食用油各适量。

🍲 做法

1. 洗净的彩椒切小块；洗好的猪腰切开，去筋膜，切上麦穗花刀，再切成片，加盐、鸡粉、料酒、生粉，腌渍10分钟。
2. 锅中注水烧开，放盐、食用油、彩椒，煮断生，捞出沥干；将猪腰倒入锅中，汆至变色，捞出沥干。
3. 油锅爆香姜末、蒜末、葱段，倒入猪腰炒匀，淋入料酒炒匀，放入彩椒，翻炒片刻。
4. 加盐、鸡粉、蚝油，炒入味，倒入水淀粉，炒至芡汁包裹食材即可。

WOSUNSHAODUTIAO

莴笋烧肚条

主辅料

猪肚、莴笋、青椒、红椒。

调料

盐、料酒、红油、蒜瓣、食用油各适量。

做法

1. 猪肚洗净；莴笋、青椒、红椒均洗净切条，莴笋焯熟摆盘。
2. 油锅烧热，炒香青椒、红椒、蒜瓣，入猪肚翻炒，注水烧至熟透，调入盐、料酒、红油拌匀，起锅置于莴笋条上即可。

成菜特点

莴笋与肚条同烹，不光是味道鲜美，并且二者都含有人体所需的营养。

操作要领：猪肚不宜煮过软。

QINCAICHAOMUER

芹菜炒木耳

主辅料

芹菜、黑木耳、胡萝卜。

调料

盐、香油、蒜蓉、食用油各适量。

做法

1. 将芹菜洗净切段；黑木耳泡发，撕成小朵；胡萝卜洗净，切片。
2. 锅加油烧热，放入蒜蓉爆香，倒入芹菜爆炒，再加入黑木耳和胡萝卜一起翻炒至熟。
3. 加入香油和盐调味，装盘即可。

成菜特点

成菜清淡爽口，低油低脂。

操作要领：市耳烹饪前焯烫一下，既可以使成菜颜色鲜艳，又可以减少炒制的时间。

YANGCONGQINCAIZHUGAN

洋葱芹菜猪肝

 主辅料

猪肝、洋葱、
芹菜。

调料

盐、胡椒粉、酱
油、料酒、干辣
椒、花椒、食用
油各适量。

做法

1.猪肝洗净，切片；洋葱洗净，
切片；芹菜、干辣椒洗净，
切段。

2.油锅烧热，入花椒、干辣椒炒
香，再入猪肝、洋葱、芹菜同
炒至熟。

3.调入盐、胡椒粉、酱油、料酒
炒匀即可。

成菜特点

猪肝脆嫩，加入香芹
做配菜，口感更丰
富，而且香芹的香气
使菜肴可促进食欲。
食之口感层次丰富，
酱香出头，淡甜收
口，里味鲜香，浓淡
适宜。

操作要领：炒制过程应
大火快速，确保菜品急
火出香。

CAIJIAOJIDING
彩椒鸡丁

主辅料

红椒、黄椒、鸡胸肉。

调料

盐、食用油、生粉各适量。

做法

1. 红椒、黄椒洗净后切块。
2. 鸡胸肉洗净、切丁，加入生粉，腌渍数分钟。
3. 起油锅，将鸡丁炒至半熟，再放入红椒块、黄椒块炒熟，最后加盐调味即可。

成菜特点

醇厚微甜。

操作要领：鸡肉可以多腌渍片刻，炒制出来才会鲜嫩。

CAIJIAOCHAOYACHANG

彩椒炒鸭肠

 主辅料

鸭肠、彩椒。

🥫 调料

姜片、蒜末、葱段、豆瓣酱、盐、鸡粉、生抽、料酒、水淀粉、食用油各适量。

🍲 做法

1. 将洗净的彩椒切成粗丝；洗好的鸭肠切成段，放在碗中，加适量盐、鸡粉、料酒、水淀粉，腌渍入味。
2. 锅中注入适量清水，大火烧开，倒入鸭肠，搅匀，煮约1分钟，捞出，沥干水分，待用。
3. 用油起锅，放入姜片、蒜末、葱段爆香，倒入鸭肠翻炒均匀。
4. 淋料酒、生抽，倒入彩椒丝炒至断生；加少许清水，放鸡粉、盐、豆瓣酱、水淀粉，炒匀即可。

CAIJIAOYUMICHAOJIDAN

彩椒玉米炒鸡蛋

 主辅料

鸡蛋、玉米粒、彩椒。

🥫 调料

盐、鸡粉、葱花、食用油各适量。

🍲 做法

1. 洗净的彩椒切开，去籽，切成条，再切成丁。
2. 鸡蛋打入碗中，加入少许盐、鸡粉，搅匀，制成蛋液，备用。
3. 锅中注入适量清水烧开，倒入玉米粒、彩椒，加入适量盐，煮至断生，捞出，沥干待用。
4. 用油起锅，倒入蛋液，炒匀，倒入焯过水的食材，快速炒匀，盛出装盘，撒上葱花即可。

YANGCONGQINGJIAOROUSI

洋葱青椒肉丝

主辅料

瘦肉丝、青椒、洋葱。

调料

食用油、盐、生粉、米酒各适量。

做法

1. 青椒洗净后，去蒂头，切丝；洋葱洗净后，去皮、去蒂头，部分切末，其余切丝备用；生粉加水调和。
2. 取小碗放入肉丝，加入米酒均匀抓腌。
3. 起油锅，爆香洋葱末，再放入肉丝、洋葱丝一起拌炒，待肉丝呈现熟色，加入青椒继续拌炒。
4. 待青椒熟后，加入盐拌炒均匀，再沿着锅边淋上水淀粉略炒，即可起锅食用。

成菜特点

青椒香甜，肉丝鲜美，汤汁浓郁，泡饭吃也非常可口。

操作要领：肉丝入锅后，应大火快炒，炒至变色后即可出锅，以免肉质变老，口感变差。

WOSUNCHAOMUER

莴笋炒木耳

 主辅料

莴笋、水发木耳。

调料

盐、味精、生抽、食用油各适量。

做法

1. 莴笋去皮，洗净切片；木耳洗净，与莴笋同焯水后沥干。
2. 油锅烧热，放入莴笋、木耳翻炒，加入盐、生抽炒入味，加入味精调味，起锅装盘即可。

成菜特点

口感爽脆，味道鲜美。

操作要领：炒制时淋入少许芝麻油，可以使菜品味道更加鲜美。

DOUMIAOXIAREN

豆苗虾仁

 主 辅 料

虾仁、豆苗。

调料

蒜末、料酒、盐、鸡粉、食用油各适量。

 做 法

1. 虾仁横刀切开，去除虾线，待用。
2. 热锅注油烧热，倒入蒜末、虾仁，爆香。
3. 淋入料酒，倒入洗净的豆苗，翻炒匀。
4. 放入盐、鸡粉，快速炒匀调味即可。

> 虾仁富含蛋白质、谷氨酸、维生素B_1、维生素B_2、烟酸以及钙、磷、铁、硒等矿物质，具有补肾、壮阳、通乳之功效。

YADANCHAOYANGCONG

鸭蛋炒洋葱

主 辅 料

鸭蛋、洋葱。

调料

盐、鸡粉、水淀粉、食用油各适量。

做 法

1. 去皮洗净的洋葱切丝。
2. 鸭蛋打入碗中，放入少许鸡粉、盐、水淀粉，用筷子打散、调匀。
3. 锅中倒入适量食用油烧热，放入切好的洋葱，翻炒至洋葱变软，加入适量盐，炒匀调味。
4. 倒入调好的蛋液，快速翻炒至熟，盛出，装入盘中即可。

QINGCHAOWANDOUMIAO

清炒豌豆苗

主辅料

豌豆苗。

调料

盐、香油、鸡精、蒜、食用油各适量。

做法

1. 将蒜剥皮，洗净后切成片；豌豆苗洗净备用。
2. 锅烧热，放入少许油，将蒜炸香，放入豌豆苗翻炒。
3. 将盐、鸡精放入锅内，和豌豆苗一起炒香至熟，最后淋上香油即可。

成菜特点

清香柔嫩，滑润适口。

操作要领：豌豆苗比较柔嫩，不宜炒制太久，否则会失去其清甜的味道。

HULUOBOYANGCONGCHAODAN
胡萝卜洋葱炒蛋

主辅料

胡萝卜、洋葱、
鸡蛋。

调料

盐、食用油各
适量。

做法

1. 胡萝卜及洋葱洗净、切丝；
   鸡蛋打在碗里，加入盐搅拌
   均匀。
2. 起油锅，加入洋葱丝爆香，再
   放入胡萝卜丝炒软。
3. 最后淋上拌好的蛋液，待鸡蛋
   煎熟后，即可起锅食用。

成菜特点

松软可口，脆
爽巴适。

操作要领：切洋
葱时，可先把洋
葱切成两半，
放入水中浸泡
一会，再拿出来
切，就可以避免
辣味刺激眼睛。

YANGCONGLACHANGCHAODAN

洋葱腊肠炒蛋

 主 辅 料

洋葱、腊肠、蛋液。

调料

盐、水淀粉、食用油各适量。

 做 法

1. 将洗净的腊肠切开，改切成小段；洗好的洋葱切开，再切小块。
2. 把蛋液装入碗中，加入少许盐，倒入适量水淀粉，快速搅拌一会儿，调成蛋液，待用。
3. 用油起锅，倒入切好的腊肠，炒出香味，放入洋葱块，用大火快炒至变软。
4. 倒入调好的蛋液，铺开，呈饼形，再炒散，至食材熟透即成。

XIAOMIYANGCONGZHENGPAIGU

小米洋葱蒸排骨

主 辅 料

水发小米、排骨段、洋葱丝、姜丝。

调料

盐、白糖、老抽、生抽、料酒各适量。

 做 法

1. 把洗净的排骨段装碗中，放入洋葱丝、姜丝。
2. 搅拌匀，再加入盐、白糖，淋上料酒、生抽、老抽，拌匀，倒入洗净的小米，搅拌一会儿。
3. 再把拌好的材料转入蒸碗中，腌渍约20分钟。
4. 蒸锅上火烧开，放入蒸碗，用大火蒸约35分钟，至食材熟透。取出蒸好的菜肴，稍微冷却后食用即可。

WANDOUCHAOXIANGGU

豌豆炒香菇

主辅料

豌豆、香菇。

调料

盐、鸡精、水淀粉、食用油各适量。

做法

1. 豌豆洗净，焯水后捞出沥干；香菇泡发，洗净切块。
2. 炒锅注油烧至七成热，放入香菇翻炒，再放入豌豆同炒至熟。
3. 调入盐和鸡精调味，用水淀粉勾芡，收汁后装盘即可。

成菜特点

豌豆脆嫩，香菇鲜美，将这两种食材炒在一起，不需要炒太久，以保持鲜甜口感。

操作要领：豌豆入锅焯煮的时间不宜太久，以免颜色变黄。焯水后的食材可迅速过凉水，能稳定鲜艳的色泽。

WANDOUNIUROULI

豌豆牛肉粒

 主辅料

牛肉、豌豆。

 调料

干辣椒粒、姜、淀粉、料酒、盐、食用油各适量。

做法

1. 牛肉洗净，切丁，加入少许料酒、淀粉上浆。
2. 豌豆洗净，入锅中煮熟后，捞出沥水；姜去皮洗净切片。
3. 油锅烧热，下干辣椒粒、红辣椒、姜片爆香，入豌豆、牛肉翻炒，再调入盐，用淀粉勾芡，装盘即可。

成菜特点

豌豆又香又脆，牛肉又香又韧。

操作要领：腌渍牛肉时，放入少许水淀粉拌匀，可使牛肉粒更有韧性。

CONGJIAOWOSUN

葱椒莴笋

 主辅料

莴笋、红椒。

调料

葱段、花椒、蒜末、盐、鸡粉、豆瓣酱、水淀粉、食用油各适量。

做法

1. 去皮的莴笋洗净，用斜刀切成段，再切成片；红椒洗净，切小块。
2. 锅中注水烧开，倒入食用油、盐，放入莴笋片，煮至八成熟，捞出，沥干水分。
3. 用油起锅，放入红椒、葱段、蒜末、花椒，爆香。
4. 倒入焯过水的莴笋，翻炒匀；加豆瓣酱、盐、鸡粉，炒匀调味；淋入水淀粉勾芡即可。

GANBIANQINCAIROUSI

干煸芹菜肉丝

 主辅料

猪里脊肉、芹菜、干辣椒、青椒、红小米椒。

调料

葱段、姜片、蒜末、豆瓣酱、鸡粉、胡椒粉、生抽、花椒油、食用油各适量。

 做法

1. 将洗净的青椒切细丝；洗好的红小米椒切丝；洗净的芹菜切段。
2. 洗好的猪里脊肉切细丝，入油锅，煸干水汽，盛出；起油锅，放入干辣椒炸香，盛出，
3. 倒入葱段、姜片、蒜末，爆香；加入豆瓣酱，放入肉丝，淋入料酒，撒上红小米椒，炒香。
4. 倒入芹菜段、青椒丝，炒断生，加入适量生抽、鸡粉、胡椒粉、花椒油，炒入味即成。

JIUCAICHAOXIAREN

韭菜炒虾仁

主辅料

韭菜、虾仁、
鸡蛋。

调料

盐、味精、生
粉、胡椒、料
酒、色拉油各
适量。

做法

1. 韭菜洗净，切成1寸长的段。
2. 虾仁加胡椒、味精、盐、鸡蛋
   码味。
3. 锅入油烧至四五成热，把韭菜
   加盐、味精炒后放在盘里。
4. 虾仁滑油后加盐、胡椒、味
   精调味，炒好放在韭菜中间
   即成。

成菜特点

虾仁鲜甜，韭菜
香气扑鼻，好一
道清爽小菜。

操作要领：一定
要把虾仁背上的
沙线去掉，即用
牙签挑去虾仁背
上的一条黑色
沙线。

JIUCAICHAONIUROU

韭菜炒牛肉

主辅料

牛肉、韭菜、彩椒。

调料

姜片、蒜末、盐、鸡粉、料酒、生抽、水淀粉、食用油各适量。

做法

1. 将洗净的韭菜切成段；洗好的彩椒切粗丝；洗净的牛肉切片，再切成丝。
2. 把牛肉丝装入碗中，加料酒、盐、生抽、水淀粉、食用油，腌渍入味。
3. 用油起锅，倒入牛肉丝炒变色，放入姜片、蒜末，炒香，倒入韭菜、彩椒，翻炒至食材熟软。
4. 加入盐、鸡粉，淋入生抽，用中火炒匀，至食材入味即成。

成菜特点

鲜嫩的牛柳配上柔嫩的韭菜，每一口都有充足的肉汁，有壮体格和促排便的作用，做法简单，注重健康的吃货还不学起来！

- - - - - - - - - - - - - - - - - -

操作要领：牛肉切片后，用刀背敲打几下再切丝，炒出的牛肉口感会更佳。

JIUCAIHUACHAOXIAREN

韭菜花炒虾仁

 主辅料

虾仁、韭菜花、彩椒。

 调料

葱段、姜片、盐、鸡粉、白糖、料酒、水淀粉、食用油各适量。

🍚 做法

1. 韭菜花切长段；彩椒切粗丝；虾仁去虾线，装碗，加盐、料酒、水淀粉，拌匀，腌渍10分钟。
2. 用油起锅，倒入虾仁，翻炒均匀；撒上姜片、葱段，炒香。
3. 淋入料酒，炒至虾身呈亮红色；倒入彩椒丝，炒匀；放入韭菜花，炒至断生。
4. 转小火，加盐、鸡粉、白糖，用水淀粉勾芡即可。

成菜特点

想吃美味又怕长胖？请你来体验零风险的美食之旅，营养丰富全面，最重要的是健康！

操作要领：韭菜花炒的时间不宜太长，以免影响口感。

SUANMIAOCHAOKOUMO

蒜苗炒口蘑

主辅料

口蘑、蒜苗、朝天椒圈、姜片。

调料

盐、鸡粉、蚝油、生抽、水淀粉、食用油各适量。

做法

1. 口蘑切厚片；蒜苗用斜刀切段。
2. 锅中注水烧开，倒入口蘑，焯煮至断生，捞出。
3. 油锅中倒入姜片、朝天椒圈，爆香；倒入口蘑，加生抽、蚝油，翻炒至熟。
4. 注入清水，加盐、鸡粉，倒入蒜苗，炒至断生；淋入水淀粉勾芡即可。

成菜特点

滑嫩辛香，滋味浓郁。

操作要领：如果喜欢偏辣口味，可加入干辣椒爆香。

SONGRENWANDOUCHAOYUMI
松仁豌豆炒玉米

 主 辅 料

玉米粒、豌豆、
胡萝卜、松仁。

🧂 调料

姜片、蒜末、葱段、
盐、鸡粉、水淀粉、食
用油各适量。

🍲 做 法

1. 胡萝卜切丁。
2. 锅中注水烧开，加盐、食用油，倒入胡萝卜丁、玉米粒、豌豆，煮至断生，捞出，沥干水，待用。
3. 热锅注油，烧至四成热，放入松仁，炸1分钟，捞出，沥干油。
4. 锅底留油，下入姜片、蒜末、葱段爆香；倒入玉米粒、豌豆、胡萝卜，炒匀；加盐、鸡粉调味；淋入水淀粉勾芡，盛出装盘，撒上松仁即可。

XIANGGUWANDOUCHAOSUNDING
香菇豌豆炒笋丁

 主 辅 料

水发香菇、春笋、胡
萝卜、彩椒、豌豆。

 调料

盐、鸡粉、料酒、食用
油各适量。

🍲 做 法

1. 将春笋、胡萝卜切丁；彩椒切小块；香菇切小块。
2. 锅中注水烧开，加入料酒、食用油，放入春笋、香菇、豌豆、胡萝卜、彩椒，煮至断生，捞出，沥干水分，待用。
3. 用油起锅，倒入焯过水的食材，炒匀。
4. 加入适量盐、鸡粉，炒匀调味即可。

成菜特点
- -
炒出香菇的芳香、豌豆的清脆、春笋的清新、胡萝卜的清甜，这样的美味，简简单单就可以得到。

WANDOUGEROU
豌豆鸽肉

主辅料

鸽肉、豌豆。

调料

干红椒圈、鸡蛋清、料酒、香油、酱油、盐、淀粉、葱段、食用油各适量。

做法

1. 豌豆洗净，焯水后捞出；鸽肉洗净切丁，入碗，加盐、料酒、淀粉、鸡蛋清腌渍片刻。
2. 油锅烧热，放干红椒圈、葱段爆香，下鸽肉滑散，放豌豆同炒，调入酱油、香油炒匀即可。

成菜特点

豌豆清脆解腻，加入炸好的乳鸽中，相得益彰。吃几粒豌豆，夹一块乳鸽，荤素得当，再来一杯小酒，生活也变得慢下来。

操作要领：在烹饪此菜时，豌豆不用过早放入锅里翻炒。

SUANMIAOCHAOBAILUOBO

蒜苗炒白萝卜

 主辅料

白萝卜、蒜苗。

调料

辣椒酱、鸡精、
盐、食用油各
适量。

 做法

1. 白萝卜去皮洗净，切丁；蒜苗
   洗净，切段。
2. 锅下油烧热，放入白萝卜丁翻
   炒片刻，加盐、辣椒酱炒至入
   味，快熟时放入蒜苗炒香，加
   鸡精炒匀，起锅装盘即可。

成菜特点
爽脆清淡，咸
淡合宜。

操作要领：烹饪
此菜时，应注意
食材的刀工处
理，白萝卜丝应
粗细一致，这样
受热均匀，口感
更佳。

WANDOUCHAOKOUMO

豌豆炒口蘑

 主辅料

口蘑、胡萝卜、豌豆、彩椒。

 调料

盐、鸡粉、水淀粉、食用油各适量。

做法

1. 洗净去皮的胡萝卜切小丁块；洗好的口蘑切成薄片；洗净的彩椒切小丁块。
2. 锅中注水烧开，倒入口蘑、豌豆，放入胡萝卜煮约2分钟，倒入彩椒，煮至断生，捞出，沥干水分。
3. 用油起锅，倒入焯过水的材料，炒匀。
4. 加入盐、鸡粉、水淀粉，翻炒均匀，盛出炒好的菜肴即可。

WANDOUSHAOHUANGYU

豌豆烧黄鱼

 主辅料

黄鱼、豌豆。

 调料

大蒜、生姜、料酒、醋、酱油、盐、冰糖、生粉、食用油各适量。

做法

1. 大蒜、生姜分别拍碎；豌豆洗净沥干备用。
2. 在鱼肚中撒入盐、大蒜、生姜，再在鱼身上抹上生粉，腌渍片刻。
3. 烧热油锅，放入黄鱼煎至八分熟后，再倒入豌豆炒熟。
4. 接着放入料酒、醋、酱油和清水，并用大火煮开。
5. 最后加入盐和冰糖调匀即可。

SUANMIAOXIAOCHAOROU

蒜苗小炒肉

主辅料

五花肉、蒜苗、青椒、红椒。

调料

姜片、蒜末、葱白、盐、味精、水淀粉、料酒、老抽、豆瓣酱、食用油各适量。

做法

1. 蒜苗洗净切段；青椒和红椒洗净切开，去籽，切成片；五花肉洗净，切片，入锅滑油。
2. 姜片、蒜末、葱白入油锅炒香，淋入料酒、老抽炒匀，加豆瓣酱、青椒和红椒翻炒。
3. 再加入切好备用的蒜苗，加盐、味精，炒匀调味。
4. 加少许熟油炒匀后，加水淀粉勾芡，炒匀即可。

成菜特点

菜色艳丽，鲜香微辣，脆嫩爽口。

操作要领：蒜苗不宜烹制得过烂，以免辣素被破坏，杀菌作用降低。

SUANMIAOCHAOLAROU

蒜苗炒腊肉

主辅料

腊肉片、蒜苗、青椒、红椒、干红椒段。

调料

盐、生抽、料酒、水淀粉、食用油各适量。

做法

1. 蒜苗洗净切段；青椒、红椒均洗净，切菱形块。
2. 锅注油，下腊肉炒至出油盛出；干红椒入热油中爆香，加青红椒和蒜苗稍炒。
3. 腊肉倒回锅中，加生抽、料酒、盐炒熟，用水淀粉勾芡即可。

成菜特点

腊肉鲜香，蒜苗开胃，油而不腻。

操作要领：可以适量切些腊肉的肥油，放进去一同炒制会更香。

SUANMIAOXIANGCHANG

蒜苗香肠

 主辅料

蒜苗、腊肠。

 调料

盐、味精、红椒、食用油各适量。

做法

1. 蒜苗洗净，切成小段；腊肠洗净，切成斜片；红椒洗净，切圈。
2. 炒锅注入油，烧至五六成热，放入腊肠，煸炒出香味，再倒入蒜苗、红椒，一起炒熟。
3. 加入盐、味精调味，再炒一会儿，装盘即可。

成菜特点

鲜香四溢，口齿留香。

操作要领：香肠要切薄一点，这样既容易熟又美观。

JIUCAICHAOXIANGGAN

韭菜炒香干

主辅料

豆腐干、韭菜。

调料

红尖椒圈、盐、味精、鲜汤、水淀粉、色拉油各适量。

做法

1. 豆腐干切成条；韭菜切成段。
2. 盐、味精、鲜汤、水淀粉入碗调匀成味汁。
3. 炒锅上火，烧油至五成热，下红尖椒圈爆香，投入豆腐干、韭菜炒匀，烹入兑好的味汁，炒匀后起锅装盘即可。

成菜特点

口感脆嫩，韭香浓郁。韭菜还有一个身份叫"清道夫"，可帮助我们除尘排毒；香干的蛋白含量和钙质都很丰富。这是一道对大家健康很负责的菜。

操作要领：韭菜入锅不宜久炒，宜旺火快炒，以保持其清脆的口感。

WANDOUZHENGPAIGU

豌豆蒸排骨

 主辅料

排骨段、豌豆、蒸肉米粉、红椒丁、姜片。

 调料

葱段、盐、生抽、料酒各适量。

做法

1. 洗净的排骨段加料酒、生抽、盐、蒸肉米粉、葱段，拌匀，腌渍一会儿。
2. 把洗好的豌豆装在另一小碗中，放入红椒丁、盐、蒸肉米粉，拌匀，待用。
3. 取一蒸碗，倒入排骨，放入电蒸锅，蒸至食材熟软，取出，稍微冷却后放入拌好的豌豆，做好造型。
4. 再把蒸碗放入烧开水的电蒸锅中，蒸至食材熟透，取出蒸碗，稍微冷却后即可食用。

JIUCAICHAOJIDAN

韭菜炒鸡蛋

 主辅料

韭菜、鸡蛋。

 调料

精盐、花椒、色拉油各适量。

做法

1. 将韭菜择洗干净切段，鸡蛋磕开打散搅匀。
2. 锅内放油烧热，撒花椒粒炸香捞出，油升温，倒入鸡蛋液起蛋花，用锅铲将鸡蛋刹开，铲到一旁，放入韭菜段，一同翻炒，撒盐，出锅装盘即成。

SUANRONGTONGHAO

蒜蓉茼蒿

主辅料

茼蒿、大蒜。

调料

盐、味精、食用油各适量。

做法

1. 大蒜去皮，剁成细末；茼蒿去掉黄叶后洗净。
2. 锅中加水烧沸，将茼蒿稍焯，捞出沥水。
3. 锅中加油，炒香蒜蓉，下入茼蒿翻炒，再下入盐和味精，翻炒均匀即可。

成菜特点

平时茼蒿几乎都只出现在涮火锅的尾场，现在给它一次逆袭的机会，让蒜蓉做它的配角，蒜香中透着特殊芬芳，这种感觉有点惊艳。

操作要领：烹饪此菜时，可淋入少许芝麻油，味道会更鲜香。

TIANSHAOBAI

甜烧白

 主 辅 料

猪五花肉。

调 料

糯米、豆沙、白
糖、红糖、化猪
油各适量。

做 法

1. 五花肉入锅煮至熟透，切成火
   夹片，夹入豆沙；糯米煮至八
   分熟，滤水后拌入红糖和化
   猪油。
2. 将烧白皮朝下摆入碗底，糯
   米饭盖面，上笼蒸制2小时取
   出，翻扣于平盘，表面撒白糖
   即可。

成菜特点

色泽红亮，咸鲜
味浓，耙软适
度，肥而不腻。

操作要领：煮制
糯米饭时需汤
宽，勤铲动锅
底，以免粘锅。

韭菜炒鹌鹑蛋

 主辅料

韭菜、熟鹌鹑蛋、彩椒。

调料

盐、鸡粉、食用油各适量。

做 法

1. 洗好的彩椒切细丝；洗净的韭菜切长段。
2. 锅中注入清水烧开，放入鹌鹑蛋，拌匀，略煮，捞出，沥干水分。
3. 用油起锅，倒入彩椒、韭菜梗、鹌鹑蛋，炒匀。
4. 倒入韭菜叶、盐、鸡粉，炒至入味，盛出炒好的菜肴即可。

韭菜炒猪血

 主辅料

猪血、韭菜。

调料

植物油、姜丝、葱丝、精盐、料酒、生抽各适量。

做 法

1. 猪血洗干净；韭菜洗净控干水分，切段备用。
2. 猪血切2厘米见方的块，开水氽一下，捞出备用。
3. 热锅倒少许油，放葱丝、姜丝大火炒香，放韭菜、猪血翻炒，时间不宜过长。
4. 最后调入精盐、生抽适量，装盘即可。

成菜特点

当嫩滑的猪血和鲜香的韭菜一起炒时，香味浓郁，是一道好吃的下饭菜。

XIANGLASHUIZHUYU

香辣水煮鱼

主辅料

净草鱼、绿豆芽、干辣椒、蛋清。

调料

花椒、姜片、蒜末、葱段、豆瓣酱、盐、鸡粉、料酒、生粉、食用油各适量。

做法

1. 草鱼切开，取鱼骨，切大块，鱼肉用斜刀切片，装碗，加盐、蛋清、生粉，腌渍入味；热锅注油烧热，倒入鱼骨，炸2分钟，捞出。

2. 用油起锅，放入姜、蒜、葱、豆瓣酱，炒香；倒入鱼骨，炒匀；加入开水、鸡粉、料酒、绿豆芽，煮至断生；捞出食材，装入碗中。

3. 锅中留汤汁煮沸，放入鱼肉片，煮至断生，连汤汁一起倒入汤碗中。

4. 另起锅注油烧热，放入干辣椒、花椒，中小火炸香，盛入汤碗中即成。

成菜特点

口感滑嫩，油而不腻。辣而不燥，麻而不苦。

操作要领：鱼片煮的时间不宜太长，以免失去鱼肉鲜嫩的口感。

SHUIZHUHUANGLADING

水煮黄辣丁

主辅料

黄辣丁、豆腐、泡酸菜。

调料

香菜、芝麻、大蒜、姜、葱、红油、辣椒面、泡椒、豆瓣酱、料酒、植物油各适量。

做法

1. 黄辣丁洗净；豆腐切块，入沸水余制后捞出，放入盘中衬底；泡椒、酸菜切碎。
2. 将姜片、蒜片、葱段、豆瓣酱炒香，放入泡椒、酸菜、辣椒面、料酒、红油、清水后煮开。
3. 将黄辣丁倒入，小火煨至黄辣丁熟透，装盘后撒芝麻、香菜即可。

成菜特点

色泽金黄光亮，肉质细嫩，麻辣鲜香。

操作要领：水煮时要鲜香麻辣，确保煮至黄辣丁入味。

QINGCAIDOUFUCHAOROUMO

青菜豆腐炒肉末

 主辅料

豆腐、上海青、
肉末、彩椒。

调料

盐、鸡粉、料酒、水淀
粉、食用油各适量。

做法

1. 洗好的豆腐切成丁；洗净的彩椒切成块；洗好的
   上海青切小块，备用。
2. 锅中注水烧热，倒入豆腐，略煮一会儿，去除豆
   腥味，捞出。
3. 用油起锅，倒入肉末，炒至变色，倒入适量清
   水，加入料酒。
4. 倒入豆腐、上海青、彩椒，炒至食材熟透，加入
   盐、鸡粉，倒入少许水淀粉炒匀即可。

HUIGUOROU

回锅肉

 主辅料

猪腿肉、蒜苗。

调料

豆瓣酱、甜面酱、料
酒、姜、葱、盐、酱
油、白糖、味精、色拉
油各适量。

 做法

1. 猪腿肉入加有姜、葱、料酒的沸水锅中煮断生，
   捞起切成片；蒜苗切段。
2. 锅内烧油至五成热，下入肉片炒干水汽，放入豆
   瓣酱、甜面酱、料酒炒香，调入盐、酱油、白
   糖，下蒜苗炒匀，起锅装入盘中即可。

韭菜炒羊肝

 主 辅 料

韭菜、姜片、羊肝、红椒。

调 料

盐、鸡粉、生粉、料酒、生抽、食用油各适量。

做 法

1. 洗好的韭菜切段；洗净的红椒切成条；处理干净的羊肝切成片。
2. 羊肝中加姜片、料酒、盐、鸡粉、生粉，腌渍入味，入沸水锅，汆去血水，捞出。
3. 用油起锅，倒入羊肝略炒，淋入料酒，加入生抽，翻炒均匀。
4. 倒入韭菜、红椒，加入适量盐、鸡粉，炒至食材熟透即可。

风味柴火豆腐

 主 辅 料

豆腐、五花肉、香辣豆豉酱、朝天椒、蒜末、葱段。

调 料

盐、鸡粉、生抽、食用油各适量。

做 法

1. 将洗净的朝天椒切圈；洗好的五花肉切薄片；洗净的豆腐切长方块。
2. 用油起锅，放入豆腐块，煎出香味，撒上盐，煎至两面焦黄，盛出，待用。
3. 另起锅，注油烧热，放入肉片，炒至转色，放入蒜末、朝天椒圈、香辣豆豉酱，淋上生抽，放入清水、豆腐块，拌匀。
4. 大火煮沸，加入盐、鸡粉，拌匀，转中小火煮至食材熟透，倒入葱段，大火炒出葱香味，盛出菜肴，装在盘中即成。

Part 4

春季汤菜篇

BOCAIPIDANKAIWEITANG
菠菜皮蛋开胃汤

主辅料

菠菜、皮蛋。

调料

姜、鸡粉、盐各适量。

做法

1. 锅中注入适量清水烧开，放入去壳切块的皮蛋和姜片，搅拌均匀。用大火煮约1分钟，至香味溢出。
2. 放入洗净切段的菠菜，拌匀，稍煮片刻至软。
3. 加少许鸡粉、盐调味，拌煮片刻至食材入味，将煮好的汤料盛入汤碗中即可。

成菜特点

味道鲜美，营养丰富。

- - - - - - - - - - - - - - - -

操作要领：皮蛋切块的过程中很容易发生蛋黄粘在刀背上，将刀在热水中烫一下再切，就能切得整齐漂亮了。

CAOGUZHUSUNTANG

草菇竹荪汤

 主辅料

草菇、竹荪、上海青。

 调料

盐、味精、食用油各适量。

做法

1. 草菇洗净，用温水焯过后待用；竹荪洗净；上海青洗净。
2. 锅置于火上，注油烧热，放入草菇略炒，注水煮沸后下入竹荪、上海青。
3. 再至沸时，加入盐、味精调味即可。

成菜特点

竹荪香味浓郁，这一锅汤香味叠加，香甜鲜美，别具风味。

操作要领：泡发竹荪时也可以用一些淡盐水，发好后，要剪掉竹荪封闭的那一端，以免有怪味影响口感。

YANGGANBOCAITANG

羊肝菠菜汤

 主辅料
羊肝、菠菜。

🍶 调料
生姜、精盐、味精各适量。

🍲 做法

1. 羊肝洗净后切成片，用沸水焯透后捞出；菠菜择洗干净后切成段；生姜去皮后切成末。
2. 锅内倒入清水烧开，放入姜末用大火煮沸。
3. 投入羊肝、菠菜煮滚，待肝片煮熟后调入精盐、味精即可。

> 羊肝有养血、补肝和明目的作用；菠菜有养血、止血和补血的作用。但应注意，菠菜味甘性凉，故体质虚寒者宜少食。

DANGSHENGOUQIZHUGANTANG

党参枸杞猪肝汤

 主辅料
猪肝、党参、枸杞。

🍶 调料
盐适量。

🍲 做法

1. 猪肝洗净切片，氽水；党参、枸杞用温水洗净备用。
2. 净锅上火倒入水，下入猪肝、党参、枸杞煲至熟，调入盐调味即可。

成菜特点

味道清新而又甘爽，鲜美而又营养。

XIANGGUJIAYUTANG

香菇甲鱼汤

主 辅 料

甲鱼、香菇、腊肉、豆腐皮、上海青。

调 料

盐、鸡精、姜各适量。

做 法

1. 甲鱼处理干净；姜洗净，去皮切片。
2. 锅中注水烧开，放入甲鱼焯去血水，捞出放入瓦煲中，加入姜片，加适量清水煲开。
3. 继续煲至甲鱼熟烂，放入香菇、腊肉、豆腐皮、上海青煮熟，放入盐、鸡精调味即可。

成菜特点

鲜嫩、酥烂、汤香、味醇。

操作要领：甲鱼肉有腥味，只加入葱、姜、料酒等调料除腥效果不明显，可将甲鱼胆囊捡出，取出胆汁，并加入少许清水，再涂抹于甲鱼全身，稍待片刻，用清水漂洗干净，即可除掉甲鱼肉的腥味。

HUANGQIZHUGANTANG
黄芪猪肝汤

主辅料

猪肝、米酒、菠菜、当归、黄芪、生地黄。

调料

葱白段、生姜片、芝麻油、盐各适量。

做法

1. 将当归、黄芪、生地黄洗净后放入纱布袋中，加水及葱白段、生姜片，以大火熬煮30分钟备用。
2. 菠菜洗净，切段备用。
3. 将纱布袋取出，放入菠菜煮开后，再放入猪肝，加盐、米酒和芝麻油，续煮至猪肝熟嫩即可。

成菜特点

有浓郁的味噌药香，汤汁虽然清淡寡油，但不失丰富的质感。

操作要领：烹煮这道汤时不需要加太多盐，以免影响口感。

SHUANGRENBOCAIZHUGANTANG
双仁菠菜猪肝汤

 主辅料

猪肝、菠菜、酸枣仁、柏子仁。

 调料

盐。

做法

1. 酸枣仁、柏子仁装在棉布袋内，扎紧。
2. 猪肝洗净切片；菠菜洗净切成段。
3. 布袋入锅加4碗水熬高汤，熬至约剩3碗水。
4. 猪肝和菠菜加入高汤中，待水一开即熄火，加盐调味即成。

成菜特点

这款汤鲜美营养，有安神助眠的作用。睡眠不好的人，不妨尝试在家做一做。

操作要领：酸枣仁味道较重，可以先在温水里泡一会儿，会使汤的味道更好。

YULANPIANZHUGANTANG
玉兰片猪肝汤

主 辅 料

猪肝、玉兰片、
青笋、火腿。

调 料

猪骨汤、葱末、
盐、味精、料酒
各适量。

做 法

1. 将猪肝洗净，切成柳叶片，焯
   水；玉兰片切片；火腿和青笋切
   长片。
2. 锅中倒入猪骨汤，烧开后放入
   肝尖、火腿片、青笋片、玉兰
   片、盐和料酒，待汤开后，撇
   去浮沫，加入味精，撒上葱末
   即可。

成菜特点

味清香、微
辣，汤浓。

操作要领：猪肝
下锅后，煮至断
生即可，不要煮
老，以免影响
口味。

夏季菜谱

　　夏季，阳气最盛的季节，人体阳气最易泄发。《素问·四气调神大论》说："夏三月，此谓蕃秀；天地之交，万物华实。"夏天3个月，天阳下济，地热上蒸，天地之气上下交合，各种植物大都开花结果了，是万物繁荣秀丽的季节，也是人体新陈代谢旺盛的时期，人体阳气外发，伏阴在内。此时要顺应自然，注意养生，对防病健身、延年益寿是大有裨益的。

　　夏季人体气血趋向体表，正如《素问·时刺逆从论》所说"夏者，经满气溢，入孙络受血，皮肤充实"，从而形成阳气在外、阴气内伏的生理状态。人的消化功能较弱，食物调养应着眼于清热消暑、健脾益气。因此，饮食宜选清淡爽口、少油腻易消化、富含维生素的食物，和适当选具有酸味的、辛香的食物，以增强食欲。如清晨可食葱头少许，晚饭宜饮红酒少量以畅通气血。大鱼大肉和油腻辛辣的食物要少吃，比如水煮鱼。

　　具体到膳食调养中，多吃鱼、海参、芝麻、豆类、小米、玉米、红薯、核桃、山楂、洋葱、土豆、冬瓜、苦瓜、芹菜、芦笋、南瓜、香蕉、苹果等；少吃动物内脏、鸡蛋黄、肥肉、鱼子、虾等；少吃过咸的食物，如咸鱼、咸菜等。

夏季应季蔬果

「辣椒」

　　果实通常呈圆锥形或长圆形，未成熟时呈绿色，成熟后变成鲜红色、绿色或紫色，以红色最为常见。辣椒的果实因果皮含有辣椒素而有辣味，能增进食欲。辣椒中维生素C的含量在蔬菜中居第一位。

「丝瓜」

　　丝瓜翠绿鲜嫩，清香脆甜，是夏日里清热泻火、凉血解毒的一道佳菜。丝瓜清炒则清淡可口，清热利湿；香菇烧丝瓜益气血、通经络；西红柿丝瓜汤可以清解热毒、消除烦热，尤适于暑热烦闷、口渴咽干时食用。

「苦瓜」

　　子实大，外壳具瘤状凸起。成熟的苦瓜往往开裂，耳出金红异彩。优良品种的苦瓜，瓜形大，瓜肉厚，苦中带甘，为苦瓜上品。又有"滑身苦瓜"，以其纹不深、瓜身光亮、肉质细嫩著称。

「冬瓜」

　　冬瓜的质地清凉可口，水分多，味清淡，在医药上具有消暑解热、利尿消肿的功效。它还可制成冬瓜干、脱水冬瓜和糖渍品等，其种子和果皮还是很好的中药材。冬瓜的鲜果及其加工品是传统的出口商品。冬瓜主要产于夏季，取名为冬瓜是因为瓜熟之际，表面上有一层白粉状的东西，就好像是冬天所结的白霜，也是这个原因，冬瓜又称白瓜。

「菜豆」

荚果带形，稍弯曲，略肿胀，通常无毛，顶有喙；种子长椭圆形或肾形，白色、褐色、紫色或有花斑，种脐通常白色。花期春夏。食用菜豆必须煮熟煮透，消除不利因子，趋利避害，更好地发挥其营养效益。鲜嫩荚可作蔬菜食用，也可脱水或制罐头。

「芦笋」

芦笋的含硒量高于一般蔬菜，与含硒丰富的蘑菇接近，甚至可与海鱼、海虾等的含硒量媲美。从白笋、绿笋中氨基酸和锌、铜、铁、锰、硒元素的分析结果看出，除白笋含天冬氨酸高于绿笋外，其他无论是氨基酸还是上述微量元素含量，绿笋均高于白笋。

「茭白」

茭白具有纺锤形的肉质茎，外披绿色叶鞘，内呈三节圆柱状，色黄白或青黄，肉质肥嫩，纤维少，蛋白质含量高。嫩茭白的有机氮素以氨基酸状态存在，并能提供硫元素，味道鲜美，营养价值较高，容易为人体所吸收。

「黄瓜」

果实颜色呈油绿或翠绿，表面有柔软的小刺，脆嫩多汁，微甜，有清香味，同时含有多种营养成分。新鲜黄瓜中含有的黄瓜酶能有效促进机体的新陈代谢，扩张皮肤的毛细血管，促进血液循环，增强皮肤的氧化还原作用。

「佛手瓜」

佛手瓜清脆，含有丰富营养。佛手瓜既可做菜，又能当水果生吃。果可煮食，嫩块根食法同土豆。加上瓜形如两掌合十，有佛教祝福之意，深受人们喜爱。

「南瓜」

南瓜的营养成分较全，营养价值也较高。嫩南瓜中维生素C及葡萄糖含量比老南瓜丰富，老南瓜则钙、铁、胡萝卜素含量较高。这些对防治哮喘病均较有利。中医认为南瓜性温味甘，入脾、胃经，具有补中益气、消炎止痛、解毒杀虫的功能，可用于气虚乏力、肋间神经痛、疟疾痢疾、蛔虫、支气管哮喘、糖尿病等症。

「苋菜」

属一年生草本，茎粗壮，绿色或红色，常分枝，幼时有毛或无毛。苋菜菜身软滑而菜味浓，入口甘香。苋菜能补气、清热、明目、滑胎、利大小肠，且对牙齿和骨骼的生长可起到促进作用，并能维持正常的心肌活动，防止肌肉痉挛，还具有促进凝血、增加血红蛋白含量并提高携氧能力、促进造血等功能。

「空心菜」

蔓性草本，全株光滑。地下无块根。茎中空。叶互生，椭圆状卵形或长三角形。花通常白色，也有紫红色或粉红色。种子有细毛。其食用部位为幼嫩的茎叶，可炒食或凉拌，做汤菜等同"菠菜"。

「地瓜叶」

为旋花科牵牛花属，多年生蔓性草本植物，地瓜秧蔓顶端的10~15厘米及嫩叶、叶柄合称茎尖。茎匍匐地面，花多为白色。地瓜叶性平、微凉，味甘，有生津润燥、健脾宽肠、养血止血、补中益气、通便等功效。

「竹笋」

竹笋是我国传统佳肴，味香质脆，食用和栽培历史极为悠久。《诗经》中就有 "加豆之实，笋菹鱼醢" "其籟伊何，惟笋及蒲" 等诗句。竹笋是竹竿的雏形，纵切面可见中部有许多横隔和周围的肥厚笋肉，笋肉又被笋箨包裹着。笋肉、横隔及笋箨的柔嫩部分均可食用。

「山苏」

山苏卷曲的嫩叶是可口的蔬菜，不论炒食还是煮汤都非常美味。山苏之烹调方式，主要以热炒居多，只要加些简单的姜丝、小鱼干后，快速清炒即可起锅。

「西红柿」

西红柿的食用部位为多汁的浆果。果色火红，一般呈微扁圆球形，脐小，肉厚，味道沙甜，汁多爽口，风味佳，生食、熟食均可，还可加工成西红柿酱、番茄汁。粉红西红柿，果粉红色，近圆球形，脐小，果面光滑，味酸甜适度，品质较佳；黄色西红柿，果橘黄色，果大，圆球形，果肉厚，肉质又面又沙，生食味淡，宜熟食。

「卷心菜」

卷心菜的叶片包括子叶、基生叶、幼苗叶、莲座叶和球叶，叶片深绿至绿色，叶面光滑，叶肉肥厚，叶面有粉状蜡质，有减少水分蒸腾的作用，因而比大白菜有更强的抗旱能力。

「茄子」

紫红色是由于果皮细胞中含有飞燕草素及其糖苷，成熟时不论绿色或紫红色果实均转为棕黄色。食用部分包括果皮、胎座及"心髓"部分，均由海绵状薄壁组织所组成，其细胞间隙较多，组织松软。

「豇豆」

豆科草本植物豇豆的种子或荚果。性平味甘，健胃补肾，含有易于消化吸收的蛋白质，还含有多种维生素和微量元素等，所含磷脂可促进胰岛素分泌，是糖尿病人的理想食品。

「蚕豆」

蚕豆味甘、性平，入脾、胃经，可补中益气、健脾益胃、清热利湿、止血降压、涩精止带，主治中气不足、倦怠少食、高血压、咯血、衄血、妇女带下等病症。其作为食品可直接食用，或炒或煮熟食用；或作甜食、豆沙等；还可加工成各种点心或油炸豆，多种口味上佳小食品、休闲食品和罐头食品等。

「生菜」

生菜是叶用莴苣的俗称，属菊科莴苣属，为一年生或二年生草本作物，叶长倒卵形，密集成甘蓝状叶球，可生食，脆嫩爽口，略甜。生菜是最合适生吃的蔬菜。生菜含有丰富的营养成分，其纤维和维生素C含量比白菜多。生菜除生吃、清炒外，还能与蒜蓉、蚝油、豆腐、菌菇同炒，不同的搭配，生菜所发挥的功效是不一样的。

桃

球形核果，表面有毛茸，肉质可食，为橙黄色泛红色，有带深麻点和沟纹的核，内含白色种子。果肉有白色和黄色的，桃有多种品种，一般果皮有毛。"油桃"的果皮光滑；"蟠桃"果实是扁盘状；"碧桃"是观赏花用桃树，有多种形式的花瓣。

李

饱满圆润，玲珑剔透，形态美艳，口味甘甜，是人们喜爱的传统水果之一。它既可鲜食，又可以制成罐头、果脯，全年食用。

西瓜

果实外皮光滑，呈绿色或黄色有花纹，果瓤多汁为红色或黄色（罕见的有白色）。西瓜果肉（瓤）有清热解暑、解烦渴、利小便、解酒毒等功效，用来治一切热证、暑热烦渴、小便不利、咽喉疼痛、口腔发炎、酒醉。

菠萝

菠萝营养丰富，其成分包括糖类、蛋白质、脂肪，维生素A、B_1、B_2、C，蛋白质分解酵素及钙、磷、铁、有机酸类、尼克酸等，尤其以维生素C含量最高。

芒果

芒果果实含有糖、蛋白质、粗纤维，芒果所含有的维生素A的前体胡萝卜素成分特别高，是所有水果中少见的，其次维生素C含量也不低，矿物质、蛋白质、脂肪、糖类等也是其主要营养成分。芒果为著名热带水果之一，因其果肉细腻、风味独特，深受人们喜爱，所以素有"热带果王"之誉称。

柠檬

果长圆形或卵圆形，大小如鸡蛋，淡黄色，表面粗糙，顶端呈乳头状，果皮较厚，芳香浓郁，果汁较酸，但可配制饮料，还可提炼成香料。

百香果

果瓤多汁液，加入重碳酸钙和糖，可制成芳香可口的饮料，还可用来添加在其他饮料中以提高饮料的品质。成熟时果皮亮黄色，果形较大，圆形，星状斑点较明显。

火龙果

火龙果营养丰富、功能独特，含有一般植物少有的植物性白蛋白以及花青素、丰富的维生素和水溶性膳食纤维。火龙果属于凉性水果，在自然状态下，果实于夏秋成熟，味甜，多汁。

杏

圆、长圆或扁圆形核果，果皮多为白色、黄色至黄红色，向阳部常具红晕和斑点；暗黄色果肉，味甜多汁；核面平滑没有斑孔，核缘厚而有沟纹。种仁多苦味或甜味。

荔枝

果皮有鳞斑状凸起，鲜红，紫红。荔枝色泽鲜紫，壳薄而平，香气清远，瓤厚而莹。果肉产鲜时半透明凝脂状，味香美。

猕猴桃

果形一般为椭圆状，外观呈绿褐色，表皮覆盖浓密绒毛，不可食用，其内是呈亮绿色的果肉和一排黑色的种子。猕猴桃质地柔软，口感酸甜，是一种品质鲜嫩、营养丰富、风味鲜美的水果。

香蕉

果柄短，果皮青绿色，果肉甜滑，无种子，香味特浓。

椰子

叶柄粗壮，花序腋生，果卵球状或近球形，果腔含有胚乳（即"果肉"或种仁）、胚和汁液（椰子水）。椰子壳硬，肉多汁，果鲜，原产东南亚地区。椰子是典型的热带水果，椰汁清如水、甜如蜜，饮之甘甜可口；椰肉芳香滑脆，柔若奶油。

草莓

蔷薇科草莓属多年生草本，一种红色的花果，外观呈心形，鲜美红嫩，果肉多汁，含有特殊的浓郁水果芳香。

莲雾

果实顶端扁平，下垂状表面有蜡质的光泽。果肉呈海绵质，略有苹果香味。莲雾的种类很多，果色鲜艳，有的呈青绿色，有的呈粉红色，还有的呈大红色。莲雾的果实中含有蛋白质、脂肪、碳水化合物及钙、磷、钾等矿物质，可清热利尿和安神，对咳嗽、哮喘也有效果。

Part 5

夏季凉菜篇

QINGCAIBO
青菜钵

 主辅料

芥蓝菜心。

 调料

高汤、味精、盐、胡椒面、猪油、葱油各适量。

做法

1. 将芥蓝菜心洗净，切成碎粒。
2. 锅内加猪油烧至三四成热，下芥蓝菜心炒软，调入盐、味精、胡椒面炒匀，掺进适量高汤，起锅装钵，滴几滴葱油即可。

成菜特点

清爽滑嫩，清香适口。

操作要领：芥蓝菜心不能炒得太老；高汤可事先过滤一下，要保证汤清色绿。

QIANGBANKUGUA

炝拌苦瓜

 主辅料

苦瓜。

 做法

1. 苦瓜洗净，剖开去瓤，切块备用。
2. 将苦瓜放入开水中稍烫，捞出，沥干水分，放入容器。
3. 苦瓜中加入盐、味精、生抽、干辣椒；香油烧开，淋在苦瓜上，搅拌均匀，装盘即可。

调料

盐、味精、生抽、干辣椒、香油各适量。

成菜特点

口感清香，质地清脆，色泽翠绿。

操作要领：烹饪此菜前，将切好的苦瓜片放入盐水中浸泡片刻，可以减轻苦瓜的苦味。

黄瓜拌猪耳

 主辅料

猪耳、黄瓜。

 调料

姜片、葱段、蒜末、朝天椒末、盐、白糖、味精、辣椒油、花椒油、卤水、老抽各适量。

🍚 做 法

1. 黄瓜洗净切片；锅中注入水，放入猪耳余水，捞出洗净。
2. 将卤水倒入锅中，放入姜片、葱段、猪耳、老抽、盐拌匀，放入猪耳卤30分钟，关火，浸泡20分钟，捞出晾凉。
3. 将猪耳切片装入碗中，加入蒜末、朝天椒末、黄瓜片、盐、白糖、味精、辣椒油、花椒油拌匀即成。

凉拌竹笋

 主辅料

竹笋、红椒。

 调料

盐、味精、醋各适量。

🍚 做 法

1. 竹笋去皮，洗净，切片，入开水锅中焯水后捞出，沥干水分装盘。
2. 红椒洗净，切细丝。
3. 将红椒丝、醋、盐、味精加入笋片中，拌匀即可。

GOUQIBANCANDOU

枸杞拌蚕豆

主辅料

蚕豆、枸杞。

调料

香菜、蒜末、盐、生抽、陈醋、辣椒油各适量。

做法

1. 锅内注水，加盐，倒入蚕豆、枸杞，加盖，大火煮开后转小火煮30分钟，捞出食材，装碗待用。
2. 另起锅，倒入辣椒油，放入蒜末，爆香。
3. 加入生抽、陈醋，炒匀，制成酱汁。
4. 关火后将酱汁倒入蚕豆和枸杞中，拌匀，装盘，撒上香菜即可。

成菜特点

清爽鲜甜的蚕豆简单拌制后，是一道非常棒的下酒菜。

操作要领：如果想方便些，可直接将调料放入煮熟的蚕豆和枸杞中拌匀。

SHOUSIQIEZI
手撕茄子

主辅料

茄子段。

调料

蒜末、盐、鸡粉、白糖、生抽、陈醋、芝麻油各适量。

做法

1. 蒸锅上火烧开，放入洗净的茄子段，盖上盖，用中火蒸约30分钟，取出。
2. 待茄子放凉后撕成细条状，装在碗中。
3. 加入盐、白糖、鸡粉，淋上适量生抽。
4. 注入少许陈醋、芝麻油，撒上备好的蒜末，搅拌至食材入味即可。

成菜特点

香软入味，清爽可口。

操作要领：茄子不宜放得太凉了，否则搅拌时味道不易渗进去。

CHUANWEISUANLAHUANGGUATIAO

川味酸辣黄瓜条

 主辅料

黄瓜、红椒、泡椒。

 调料

花椒、姜片、蒜末、葱段、盐、白糖、辣椒油、白醋、食用油各适量。

🍲 做法

1. 黄瓜洗好切条；红椒洗净去籽切丝；泡椒去蒂切开。
2. 沸水锅中加食用油、黄瓜条，煮1分钟捞出。
3. 起油锅，爆香姜片、蒜末、葱段、花椒。
4. 倒入红椒丝、泡椒，快速翻炒均匀。
5. 放入黄瓜条、白糖、辣椒油、盐、白醋，炒匀即可。

成菜特点

酸辣交织，味道鲜美。

操作要领：焯过水的黄瓜下锅炒制的时间不能太长，否则不够爽脆。

LIANGBANHUANGGUA
凉拌黄瓜

主辅料
黄瓜、花生米。

调料
红油辣椒段、精盐、白糖、香醋、辣椒油、味精、花椒油、葱花、姜片各适量。

做法
1. 将黄瓜切去蒂、尾，洗干净，改刀成斜块状，放入碗中。将黄瓜和食盐拌和，腌渍30分钟。
2. 用冷开水洗去盐味，再放入调料及花生米拌匀，30分钟后即可食用。

成菜特点
具有酸、甜、麻、辣、咸五味，风味独特。

操作要领：黄瓜先加盐腌渍使其入味。

SANWENYUXIANSHUSHALA

三文鱼鲜蔬沙拉

 主辅料

三文鱼、嫩黄瓜、苹果、橘子、生菜、红甜椒。

 调料

盐、黑胡椒粒、橄榄油、橘子汁、沙拉酱各适量。

🍚 做 法

1. 三文鱼撒上黑胡椒粒、橄榄油及盐，腌渍10分钟，再放入蒸锅蒸熟。
2. 将蒸熟的三文鱼取出，切成小块备用。
3. 将黄瓜、苹果、红椒分别洗净，切成小块，快速过水。
4. 生菜放入冰水中浸泡15分钟后捞出，撕成小片。
5. 将所有食材均匀混合，接着淋上橘子汁、挤上沙拉酱即可食用。

成菜特点

黄瓜的脆爽，配上三文鱼的丰腴，感觉有点像日本料理。

操作要领：三文鱼不宜蒸太久，以免破坏其的营养价值。

HUANGGUACHAOMUER
黄瓜炒木耳

【主辅料】

黄瓜、水发木
耳、胡萝卜。

【调料】

姜片、蒜片、葱
段、盐、鸡粉、
白糖、水淀粉、
食用油各适量。

【做法】

1. 去皮的胡萝卜洗净，切成片；
   黄瓜洗净，切开，去瓤，用斜
   刀切段。
2. 用油起锅，倒入姜片、蒜片、
   葱段，爆香。
3. 放入胡萝卜、木耳、黄瓜，炒
   匀；加盐、鸡粉、白糖，炒匀
   调味。
4. 倒入适量水淀粉勾芡，炒匀后
   盛出即可。

成菜特点

鲜香清爽，脆嫩
入味。

- - - - - - - - - - - - - - -

操作要领：黄瓜
应用大火快炒，
以免营养流失。

LIANGBANLUSUN

凉拌芦笋

 主辅料

芦笋、金针菇、
红椒。

 调料

盐、醋、酱油、
香油、葱各
适量。

🍚 做法

1. 芦笋洗净，对半切段；金针菇
   洗净；红椒、葱洗净切丝。
2. 芦笋、金针菇入沸水中焯熟，
   摆盘，撒入红椒丝和葱丝。
3. 净锅加适量水烧沸，倒入酱
   油、醋、香油、盐调匀，淋入
   盘中即可。

成菜特点

芦笋口感脆嫩
清甜，且富含
纤维素，是一
道瘦身佳肴。

操作要领：焯煮
芦笋时可以撒上
少许食粉，这样
能有效地去除其
涩味。

QIANBANSHENGCAI
炝拌生菜

 主 辅 料

生菜。

调 料

蒜瓣、干辣椒、生抽、白醋、鸡粉、盐、食用油各适量。

做 法

1. 将洗净的生菜叶撕成小块，备用。
2. 蒜瓣切细末，放入碗中，加生抽、白醋、鸡粉、盐，拌匀。
3. 用油起锅，倒入干辣椒，炝出香味，关火后盛入碗中，制成味汁。
4. 取一个盘子，放入生菜，摆放好，把味汁浇在生菜上即可。

ZHIMALONGXUCAI
芝麻龙须菜

主 辅 料

龙 须 菜 、 白芝麻。

调 料

日式昆布酱油、蒜末、胡椒粉、柠檬、橄榄油、芝麻油各适量。

做 法

1. 龙须菜洗净，切成小段；所有调味料混匀成酱汁。
2. 将龙须菜放入滚水中汆烫，接着马上泡冷水，捞起沥干。在龙须菜上倒入酱汁拌匀，静置10分钟使其入味。撒上白芝麻，稍微拌匀即完成。

YOUPOSHENGCAI

油泼生菜

主辅料

生菜叶、剁椒。

调料

盐、蒜末、食用油各适量。

做法

1. 锅中注入适量清水，用大火烧开，加入适量盐，再加入少许食用油。
2. 锅中放入生菜叶，煮至断生后捞出。
3. 另起锅，注入适量食用油，烧至三四成热，关火，待用。
4. 取一盘子，放入焯软的生菜叶，撒上剁椒、蒜末，往盘中浇上锅中的热油即成。

成菜特点

脆嫩的生菜浇淋上那浓郁的酱料，油滋滋的勾人食欲。

操作要领：焯煮菜叶的时间不宜太长，以免流失营养物质。

HONGYOUZHUSUN

红油竹笋

主辅料

竹笋、红油。

做法

1. 竹笋洗净后，切成滚刀斜块。
2. 将切好的笋块入沸水中焯熟，捞出，盛入盘内。
3. 淋入红油，加盐、味精一起拌匀即可。

调料

盐、味精各适量。

成菜特点

脆嫩爽口中透着一丝鲜辣，好不巴适。

操作要领：煮竹笋的时间不可太长，否则会影响其脆嫩口感；熄火后，用凉水冲洗，可去除涩味。

Part 6

夏季热菜篇

SANXIANDONGGUA

三鲜冬瓜

主 辅 料

冬瓜、海带、干虾米。

调 料

盐、食用油、葱花各适量。

做 法

1. 冬瓜洗净、去皮，切片。
2. 干虾米和海带分别洗净后，浸泡热开水30分钟。
3. 待海带泡软，将海带切粗丝备用。
4. 热油锅，先放入虾米和葱花爆香，再加入冬瓜片和海带丝一起翻炒。
5. 加入盐调味，翻炒均匀至冬瓜熟软即可。

成菜特点

色淡、味鲜、香浓，富有层次。

操作要领：把冬瓜先煸炒一下再烹饪，口感会更佳。

DONGGUASHAOXIANGGU
冬瓜烧香菇

主辅料
冬瓜、鲜香菇。

调料
盐、鸡粉、蚝油、姜片、葱段、蒜末、食用油各适量。

做法

1. 冬瓜切丁；香菇切小块。
2. 锅中注水烧开，加少许食用油、盐，倒入冬瓜、香菇，煮至断生，捞出，沥干水分，待用。
3. 炒锅注油烧热，放入姜片、葱段、蒜末，爆香；倒入焯过水的食材，快速翻炒均匀。
4. 注入少许清水，加盐、鸡粉、蚝油，翻炒片刻，盖上锅盖，中火煮至入味，淋入水淀粉勾芡即可。

SIGUAMENHUANGDOU
丝瓜焖黄豆

主辅料
丝瓜、水发黄豆。

调料
姜片、蒜末、葱段、生抽、鸡粉、豆瓣酱、水淀粉、盐、食用油各适量。

做法

1. 丝瓜斜切成小块。
2. 锅中注水烧开，加盐，倒入黄豆，煮至沸腾，捞出。
3. 用油起锅，放入姜片、蒜末，爆香；倒入黄豆，炒匀；注入清水，放入生抽、盐、鸡粉，盖上盖，烧开后用小火焖15分钟。
4. 揭盖，倒入丝瓜，炒匀；再盖上盖，焖5分钟至全部食材熟透；放入葱段、豆瓣酱，炒匀；淋入水淀粉勾芡即可。

MAJIANGDONGGUA

麻酱冬瓜

主辅料

冬瓜、红椒。

调料

葱条、姜片、盐、鸡粉、料酒、芝麻酱、食用油各适量。

做法

1. 冬瓜切块；部分姜片切末；红椒切粒；部分葱条切葱花。
2. 起油锅，倒入冬瓜块，滑油捞出；锅留底油，爆香葱条、姜片。
3. 加入料酒、清水、鸡粉、盐、冬瓜煮沸捞出。
4. 冬瓜入蒸锅蒸约3分钟；热油炒香红椒粒、姜末、葱花、冬瓜。
5. 倒入芝麻酱炒匀，盛盘撒上葱花即可。

成菜特点

冬瓜一向以清爽寡淡见称，如今拌上芝麻酱，香味浓郁。

操作要领：蒸冬瓜时，时间和火候一定要够，不然蒸出的冬瓜太硬，影响口感。

XIARENSIGUA

虾仁丝瓜

 主辅料

虾仁、丝瓜。

 调料

胡椒粉、生粉、米酒、葱段、生姜丝、蒜片、红辣椒、盐、食用油各适量。

做法

1. 虾仁加入盐、米酒、胡椒粉和生粉，拌匀备用。
2. 丝瓜去皮，切滚刀块；辣椒去籽，切丝。
3. 热油锅，爆香生姜丝、蒜片和葱段，先放入虾仁略炒，再放入丝瓜大火快炒。
4. 加入清水，煨煮2分钟，再放入胡椒粉、盐及辣椒丝，盖上锅盖煮1分钟。
5. 加入米酒炒匀，即可起锅。

操作要领：丝瓜皮不用去净，这样口感会更加鲜脆，色泽更加诱人。虾仁用开水氽熟后，应该用大火滑油，否则会失去弹性和鲜嫩的口感。

蒜蓉豉油蒸丝瓜

 主辅料

丝瓜、红椒丁。

调料

蒸鱼豉油、蒜末、食用油各适量。

做法

1. 将洗净去皮的丝瓜切段，放在蒸盘中，摆放整齐。
2. 淋入食用油，浇上蒸鱼豉油，撒入蒜末，点缀上红椒丁，待用。
3. 备好电蒸锅，烧开后放入蒸盘，盖上盖，蒸约5分钟，至食材熟透。
4. 断电后揭盖，取出蒸盘，稍微冷却后即可食用。

丝瓜炒蟹棒

 主辅料

丝瓜、彩椒、蟹柳。

调料

姜片、蒜末、葱段、料酒、水淀粉、盐、鸡粉、蚝油各适量。

做法

1. 丝瓜、彩椒洗净切小块；蟹柳剥去塑料皮，切段。
2. 用油起锅，倒入姜片、蒜末、葱段，爆香。
3. 倒入丝瓜、彩椒，加盐、鸡粉，炒匀调味。
4. 倒入蟹柳，加入料酒、蚝油，炒匀，用水淀粉勾芡。

SANGUHUISIGUA

三菇烩丝瓜

主辅料

丝瓜、鸡腿菇、香菇、草菇。

调料

蒜片、葱末、盐、芝麻油、白糖、胡椒粉、水淀粉、食用油各适量。

做法

1. 丝瓜去皮，切块；香菇泡入温水，一开四；草菇一开二；鸡腿菇切滚刀块；香菇水留置备用。
2. 热油锅，下蒜片、葱末爆香，再放入鸡腿菇、香菇和草菇炒出香味。
3. 放入丝瓜块跟香菇水煮开，接着加入盐、白糖、胡椒粉调味，再盖上锅盖，焖煮10分钟。
4. 最后以水淀粉勾芡、淋上芝麻油，炒匀即可。

成菜特点

清淡爽口，菌香下饭。

操作要领：焯烫丝瓜时，在锅中加入少许食用油，可防止其变色。

SHAGUOKUGUASHAOPAIGU

砂锅苦瓜烧排骨

主辅料

排骨、苦瓜。

调料

盐、老抽、料酒、蒜、红椒、食用油各适量。

做法

1. 排骨洗净切段；苦瓜洗净去籽切块；蒜去皮洗净拍松；红椒洗净切块。
2. 油锅烧热，下蒜爆香，加排骨、老抽和料酒炒熟，下红椒和苦瓜续炒。
3. 将排骨和苦瓜一起倒入烧热的砂锅中，注入沸水，加热至排骨肉熟，加盐调味，起锅即可。

成菜特点

排骨软烂，鲜香微辣。

操作要领：焖煮排骨时可以加入少许白醋，排骨更易熟，营养价值也更高。

XIHONGSHICHAOKOUMO

西红柿炒口蘑

 主辅料

西红柿、口蘑。

 调料

姜片、蒜末、葱段、盐、鸡粉、水淀粉、食用油各适量。

做法

1. 口蘑切片；西红柿去蒂，切小块。
2. 锅中注水烧开，放入盐，倒入口蘑，煮至断生，捞出，沥干，待用。
3. 用油起锅，放入姜片、蒜末，爆香。
4. 倒入口蘑，拌炒匀；加入西红柿，炒匀；加盐、鸡粉调味；淋入水淀粉勾芡；盛出装盘，放上葱段即可。

成菜特点
酸甜滑嫩。

操作要领：选用外形圆润、皮薄有弹性、颜色比较红的西红柿，这样炒出来的成菜口感更佳。

GANJIAOCHAOKUGUA

干椒炒苦瓜

主辅料

苦瓜、干红辣椒。

做法

1. 苦瓜去瓤，洗净，切成条，用少许盐腌渍一会儿，去其苦汁；干红辣椒去籽、蒂。
2. 炒锅加油烧热，放入干红辣椒煸香，再放入苦瓜、黄酒、盐、味精一起煸炒，炒匀即可。

调料

盐、味精、黄酒、食用油各适量。

成菜特点

脆爽中透着焦香。

操作要领：糖尿病患者食用此菜时，最好不要用白糖调味。

丝瓜炒蛤蜊

 主辅料

蛤蜊、丝瓜、
彩椒。

调料

姜片、蒜末、葱段、豆
瓣酱、盐、鸡粉、生
抽、料酒、水淀粉、食
用油各适量。

做法

1. 蛤蜊去除内脏，浸水洗净；洗好去皮的丝瓜切小
   块；彩椒洗净切小块。
2. 蛤蜊焯水捞出；起油锅，爆香姜片、蒜末、葱
   段，倒入彩椒、丝瓜炒至变软。
3. 放入蛤蜊、料酒、豆瓣酱、鸡粉、盐，炒匀调
   味，注水，淋入生抽，煮至熟透。
4. 待锅中汤汁收浓时，倒入水淀粉勾芡即成。

干煸苦瓜

 主辅料 调料

苦瓜、朝天椒、
干辣椒。

蒜末、葱段、盐、鸡
粉、老抽、食用油各
适量。

 做法

1. 苦瓜洗净对半切开，去籽切条；朝天椒切圈。
2. 用油起锅，倒入苦瓜条，滑油捞出。锅底留油，
   倒入蒜末、干辣椒爆香，放入朝天椒圈、苦瓜
   条，加盐、鸡粉、老抽调味，撒上葱段拌匀，盛
   入盘中。

成菜特点

口感清香，质地清脆，色泽翠绿。

JIANGDOUBIANQIEZI
豇豆煸茄子

主辅料

豇豆、茄子。

做法

1. 豇豆去蒂，洗净，切段；茄子去蒂，洗净，切条；干红辣椒洗净，切段。
2. 热锅下油，放入干红辣椒爆香，放豇豆、茄子煸炒片刻，加盐、鸡精、醋调味，炒至断生，起锅装盘即可。

调料

干红辣椒、盐、鸡精、醋、食用油各适量。

成菜特点

茄条金黄油亮，看起来特别有食欲，是一盘极好的下饭菜。

操作要领：茄条最好切得大小一致，这样不仅口感更均匀，而且外形更美观。

JIANGDOUJIANDAN

豇豆煎蛋

 主辅料

豇豆、鸡蛋、红椒。

调料

盐、胡椒粉、香油、食用油各适量。

做法

1. 豇豆洗净，切成细末；红椒切成末；鸡蛋打散，放入盐调匀。

2. 锅内放水烧热，加入盐、胡椒粉，将切好的豇豆末、红椒末过水，捞起，和鸡蛋一起拌匀。

3. 平底锅烧热，放油，将拌匀的鸡蛋液倒入锅内煎熟，最后淋入香油即可。

成菜特点

咸香味，取料容易，操作简单，群众喜闻乐吃。

操作要领：煎蛋饼的时候锅底油不能多放，否则蛋液会滑，不容易成圆形饼状。

JIANGDOUCHAOROUMO

豇豆炒肉末

主辅料

豇豆、瘦肉、红椒。

调料

盐、味精、姜末、蒜末、食用油各适量。

做法

1. 将豇豆择洗干净，切碎；瘦肉洗净，切末；红椒洗净，切碎备用。
2. 锅上火，油烧热，放入肉末炒香，加入红椒碎、姜末、蒜末一起炒出香味。
3. 放入鲜豇豆碎炒熟，调入盐、味精，炒匀入味即可出锅。

成菜特点

耙糯鲜香。

操作要领：喜欢吃辣椒的可以加点小米椒剁碎进去炒。

QIEZHIJIANGDOUMENJIDING

茄汁豇豆焖鸡丁

 主辅料

豇豆、西红柿、
鸡脯肉。

调料

盐、鸡精、黑胡椒、
糖、蒜头、食用油各
适量。

做法

1. 鸡脯肉切成丁，用盐、鸡精、黑胡椒、糖先调入
   码味。豇豆洗净，切成小丁；西红柿洗净，同样
   切成小丁；蒜头剁成蒜蓉备用。
2. 腌好的鸡脯肉倒入油锅滑油，至鸡肉表面成白色
   即可捞出。用余油将豇豆丁和蒜蓉翻炒一会儿。
3. 倒入鸡丁同炒，加入少许水盖上锅盖焖至将熟。
4. 加入西红柿丁翻动几下，加入盐、鸡精调味
   即可。

GANBIANSIJIDOU

干煸四季豆

 主辅料

猪碎肉、四
季豆。

调料

干辣椒、花椒、芽菜、
盐、料酒、葱花、味精、
香油、色拉油各适量。

 做法

1. 四季豆撕去筋，切成长段，入热油锅中炸熟
   捞起。
2. 锅上火油，烧热，下入猪碎肉、料酒、酱油调味
   上色，放入干辣椒、花椒、芽菜、四季豆炒匀，
   用盐、味精、香油调味，撒入葱花炒匀，起锅装
   入盘中。

PAOJIANGDOUPAIGU

泡豇豆排骨

主辅料

猪小排、泡豇豆、芹菜。

调料

香菜、干辣椒、大葱、盐、味精、白砂糖、色拉油各适量。

做法

1. 将猪小排洗净改刀成2～2.5厘米长的块，卤熟过油;泡豇豆切成颗。
2. 锅内下油少许，加干辣椒炒香，下泡豇豆、排骨煸至干香，吃味，加入香芹、葱花、香菜、精盐、味精、糖，炒匀。
3. 排骨整齐摆放于盘内，再将泡豇豆摆放在排骨上。

成菜特点

成菜香气四溢，口感酥软、香脆。

操作要领：排骨卤制不宜过烂，炸制时间不宜过长。

GANJIANGDOUZHENGROU

干豇豆蒸肉

 主辅料

五花肉、干豇豆。

 调料

盐、白糖、酱油、大料、葱白、青椒、红椒各适量。

做法

1. 五花肉入锅，加水、盐、白糖、酱油、大料煮熟；干豇豆洗净；青红椒切丝；葱白切丝。

2. 煮好的五花肉切块，与干豇豆一起入笼蒸，取出撒上青红椒及葱白即可。

成菜特点

清爽素淡的干豇豆，搭上万人迷的五花肉，口感鲜美！

操作要领：腌五花肉的时间要长一些，蒸熟后味道会更鲜美。

鱼香茄子烧四季豆

 主辅料

茄子、四季豆、
肉末、青椒、红
椒、姜末、蒜
末、葱花。

调料

鸡粉、生抽、料酒、陈
醋、水淀粉、豆瓣酱、
食用油各适量。

做法

1. 将青椒、红椒、茄子切条；四季豆切成长段。热锅
   注油，倒入四季豆、茄子炸软，捞出沥油。另起
   锅，注水烧开，倒入茄子拌匀，捞出沥水，待用。
2. 用油起锅，倒入肉末、姜末、蒜末、豆瓣酱、青椒、
   红椒、鸡粉、生抽、料酒，加少许清水，炒匀。
3. 倒入茄子、四季豆翻炒，加盖用中小火焖5分
   钟，揭盖，用大火收汁，加入陈醋、水淀粉炒
   匀，盛出后撒上葱花。

肉末四季豆

 主辅料

四季豆、猪
肉末。

调料

姜末、蒜末、葱花、酱
油、豆瓣酱、白糖、芝
麻油、食用油各适量。

做法

1. 将四季豆撕除筋，洗净后切段，过油备用。
2. 起油锅，先爆香姜末、蒜末，接着放入猪肉末、
   酱油、豆瓣酱和白糖，一起翻炒，再放入四季豆
   炒匀。
3. 撒上葱花，盛盘后淋上芝麻油即可。

YUXIANGQIEZI
鱼香茄子

 主辅料

茄子、肉末、姜片、葱白、蒜末、红椒末、葱花。

调料

豆瓣酱、盐、白糖、味精、鸡粉、陈醋、生抽、料酒、水淀粉、芝麻油、食用油各适量。

做法

1. 茄子洗净切块，浸水，沥干后入油锅炸软，捞出。
2. 锅底留油，倒入姜片、葱白、蒜末、红椒末、肉末爆香。
3. 加豆瓣酱、料酒、水、陈醋、生抽、白糖、味精、盐、鸡粉。
4. 倒入茄子煮约1分钟，倒入水淀粉勾芡。
5. 淋入芝麻油提香，盛入烧热的煲仔中，撒上葱花。

JIANGMENQIEZI
酱焖茄子

 主辅料

茄子、红椒、黄豆酱。

调料

姜末、蒜末、葱花、盐、鸡粉、白糖、蚝油、水淀粉、食用油各适量。

做法

1. 茄子洗净，切成条，再切上花刀；红椒洗净，切成块，备用。
2. 热锅注油烧热，放入茄子，炸至金黄色，捞出，沥干油。锅底留油，放入姜末、蒜末、红椒，爆香；加入备好的黄豆酱，炒匀；倒入少许清水，放入炸好的茄子，翻炒片刻。
3. 加蚝油、鸡粉、盐，翻炒一会儿；放入白糖，炒匀调味；倒入水淀粉勾芡；盛出装盘，撒上葱花。

XIANYUQIEZIBAO
咸鱼茄子煲

主辅料

茄子、咸鱼、肉末。

调料

蒜末、姜片、红椒粒、葱花、盐、白糖、老抽、生抽、料酒、海鲜酱、水淀粉、芝麻油、食用油各适量。

做法

1. 去皮洗净的茄子切小块；洗净的咸鱼剔除鱼骨，鱼肉切丁；食用油烧至六成热，放入茄子，炸约2分钟，捞出。
2. 起油锅，放入肉末炒至变色，倒入咸鱼、蒜末、姜片、葱白、红椒粒炒匀，淋入料酒。
3. 注入清水，放入海鲜酱，煮沸，放入炸好的茄子，加入盐、白糖、老抽、生抽、水淀粉、芝麻油，炒匀。
4. 将锅中材料盛入砂煲中，加盖煮至沸，揭盖后撒上葱花即成。

成菜特点

这浓郁的咸鱼茄子绵软、咸香、入味，只想再来一碗白饭！

操作要领：炸茄子时，油温不宜过高，以免将茄子炸老，从而影响到口感。

SUANPIANQIANGHUANGGUA

蒜片炝黄瓜

 主辅料

黄瓜、蒜、朝
天椒。

 调料

盐、味精、食用
油各适量。

🍚 做法

1. 黄瓜洗净，去皮，切片；蒜用
   清水洗净后切片；朝天椒用清
   水洗净后切成段。
2. 注入适量的食用油，待其烧
   热，放入蒜和朝天椒爆香，加
   入黄瓜炒熟。
3. 加入盐和味精调味即可。

成菜特点
清香入味，蒜
香浓郁。

操作要领：黄瓜
尾部含有较多的
苦味素，营养
价值较高，烹
饪时不宜将尾部
丢弃。

捣茄子

DAOQIEZI

 主辅料

茄子、青椒、
红椒、蒜末、
葱花。

调料

生抽、番茄酱、陈醋、
芝麻油、盐、食用油各
适量。

做法

1. 茄子洗净去皮，切成条；青椒、红椒洗净，切去蒂。
2. 热锅注油，烧至三四成热，放入青椒、红椒，炸至虎皮状，捞出，沥干油。
3. 蒸锅上火烧开，放入茄子，加盖用大火蒸15分钟。
4. 将青椒、红椒装入碗中，用木臼棒捣碎；加入蒸好的茄子、蒜末，继续捣碎；加生抽、盐、番茄酱、陈醋、芝麻油，搅拌至食材入味即可。

彩椒炒黄瓜

CAIJIAOCHAOHUANGGUA

 主辅料

彩椒、黄瓜。

调料

姜片、蒜末、葱段、
盐、鸡粉、料酒、生
抽、水淀粉、食用油各
适量。

做法

1. 将洗净的彩椒切块；洗好的黄瓜去皮，切成小块。
2. 用油起锅，放入姜片、蒜末、葱段，爆香，倒入黄瓜、彩椒、料酒，炒香，倒入少许清水，加盐、鸡粉、生抽，炒匀，倒入水淀粉勾芡，盛出装入盘中即可。

DUOJIAOQIEZI

剁椒茄子

主辅料

剁椒、茄子、熟芝麻。

做法

1. 茄子洗净，切成长条块。
2. 油锅烧热，放剁椒炒香，捞起待用，放入切好的茄子翻炒，再放入盐、香油、红油、鸡精翻炒，起锅排于盘中，撒上剁椒、熟芝麻、葱丝即可。

调料

盐、红油、香油、鸡精、葱丝、食用油各适量。

成菜特点

微辣鲜香，清凉多滋味。

操作要领：烹饪时，可将切好的茄条放入含有白醋和盐的白开水中泡一会儿，可避免茄条变黑。

LAOHUANGGUADUNNIQIU

老黄瓜炖泥鳅

主辅料

泥鳅、老黄瓜。

调料

盐、醋、酱油、香菜、食用油各适量。

做法

1. 泥鳅洗净，切段；老黄瓜洗净，去皮，切块；香菜洗净、切段。
2. 锅内注油烧热，放入泥鳅翻炒至变色，注入适量水，并放入老黄瓜焖煮。
3. 煮至熟后，加入盐、醋、酱油调味，撒上香菜段即可。

成菜特点

泥鳅味道鲜美，细嫩爽滑，配上爽脆的黄瓜，鲜甜易入口。

操作要领：黄瓜含有丰富的维生素C，维生素C遇热易分解，所以不宜煮太久。

HAOYOUJIAOBAI
蚝油茭白

 主辅料

茭白、彩椒。

调料

盐、鸡粉、水淀粉、蚝油、食用油各适量。

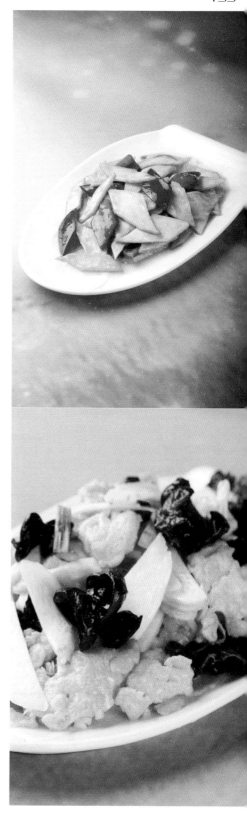

做法

1. 茭白洗净，切成片；彩椒洗净，切小块。
2. 锅中注水烧开，加盐、鸡粉，倒入彩椒、茭白，煮至断生，捞出，沥干水分。
3. 用油起锅，倒入彩椒、茭白，翻炒匀。
4. 加蚝油、盐、鸡粉，炒匀调味，淋入水淀粉勾芡，盛出即可。

JIAOBAIMUERCHAOYADAN
茭白木耳炒鸭蛋

 主辅料

茭白、鸭蛋、水发木耳。

调料

盐、鸡粉、水淀粉、葱段、食用油各适量。

做法

1. 将木耳切小块；茭白切成片；将鸭蛋打入碗中，放入少许盐、鸡粉、水淀粉，打散，调匀。
2. 锅中注水烧开，放入适量盐、鸡粉，倒入茭白、木耳，煮至七成熟，捞出，装盘，备用。
3. 用油起锅，倒入蛋液，搅散，翻炒至七成熟盛出。
4. 另起锅，注油烧热，放入葱段，爆香；倒入茭白、木耳，炒匀；放入鸭蛋，翻炒匀；调入适量盐、鸡粉、水淀粉，翻炒均匀即可。

JIAOBAISHAOHUANGDOU
茭白烧黄豆

 主辅料

茭白、彩椒、水发黄豆。

调料

蒜末、葱花、盐、鸡粉、蚝油、水淀粉、芝麻油、食用油各适量。

做法

1. 茭白切丁；彩椒切丁。
2. 锅中注水烧开，加盐、鸡粉、食用油，放入茭白、彩椒、黄豆，煮至五成熟，捞出，沥干水，待用。
3. 锅中注油烧热，放入蒜末，爆香；倒入焯过水的食材，翻炒匀。
4. 放入蚝油、鸡粉、盐，炒匀调味；加清水，大火收汁；淋入水淀粉勾芡；放入芝麻油、葱花，炒匀即可。

JIAOBAISHAOYAKUAI
茭白烧鸭块

 主辅料

鸭肉、青椒、红椒、茭白、五花肉、陈皮。

 调料

香叶、沙姜、八角、生姜、蒜头、葱段、冰糖、盐、鸡粉、料酒、生抽、食用油各适量。

做法

1. 将洗净的生姜切厚片；洗好的红椒、青椒切成圈；洗好的茭白切滚刀块；五花肉切厚片。
2. 油锅爆香姜片、蒜头，放入洗净切块的鸭肉炒香，倒入葱段，加入五花肉，翻炒均匀。
3. 加入生抽、料酒，放入各种香料，加入冰糖炒片刻，倒入茭白，注入清水。
4. 加盐，拌匀，焖30分钟至食材入味，倒入青椒、红椒，加入鸡粉、生抽，炒匀即可。

CHONGCAOHUACHAOJIAOBAI

虫草花炒茭白

主辅料

茭白、肉末、虫草花、彩椒。

调料

姜片、盐、白糖、鸡粉、料酒、水淀粉、食用油各适量。

做法

1. 将茭白切成粗丝；彩椒切成粗丝。
2. 锅中注水烧开，倒入虫草花、茭白丝、彩椒丝，淋入料酒、食用油，煮至断生，捞出。
3. 用油起锅，倒入肉末，炒匀；撒上姜片，炒香；淋入料酒，炒匀提味。
4. 倒入焯过水的虫草花、茭白丝、彩椒丝炒熟；加盐、白糖、鸡粉调味；淋入水淀粉勾芡即可。

成菜特点

形色艳丽，质地鲜嫩，清淡适口。

操作要领：虫草花可用温水泡一会儿再洗，这样更容易去除杂质。

LUSUNBAIHECHAOGUAGUO

芦笋百合炒瓜果

主辅料

无花果、百合、芦笋、冬瓜。

调料

香油、盐、味精、食用油各适量。

做法

1. 芦笋洗净切斜段，下入开水锅内焯熟，捞出控水备用。
2. 鲜百合洗净掰片；冬瓜洗净切片；无花果洗净。
3. 油锅烧热，放芦笋、冬瓜煸炒，下入百合、无花果炒片刻，下盐、味精调味，淋入香油即可装盘。

成菜特点

口味清淡，营养丰富。

操作要领：百合洗净后，可放入沸水中浸泡一下，以去除苦涩味。

木耳彩椒炒芦笋

MUERCAIJIAOCHAOLUSUN

 主辅料

去皮芦笋、水发
珍珠木耳、彩
椒、干辣椒。

调料

姜片、蒜末、盐、鸡
粉、料酒、水淀粉、食
用油各适量。

做 法

1. 芦笋洗净，切成段；彩椒洗净，切成粗条。
2. 锅中注水烧开，倒入珍珠木耳、芦笋段、彩椒条，焯煮片刻，捞出，沥干水分。
3. 用油起锅，放入姜片、蒜末、干辣椒，爆香。
4. 倒入焯煮好的食材，淋入料酒，炒匀；注入清水，加盐、鸡粉、水淀粉，翻炒至熟即可。

洋葱三文鱼排

YANGCONGSANWENYUPAI

 主辅料

三文鱼、洋葱
丝、芦笋、豆
芽、柠檬片。

调料

盐、黑胡椒、米酒、红
椒各适量。

 做 法

1. 豆芽、芦笋均洗净焯水；红椒洗净，切末；三文鱼洗净，用盐、黑胡椒、洋葱丝、米酒腌渍20分钟。
2. 将三文鱼放入400℃烤箱中烤20分钟，取出后和其他备好的食材一起摆盘，撒上黑胡椒即可。

成菜特点

烤鱼排，咬一口下去，皮脆肉嫩，简直太美味了！

XIAOTUDOUMENXIANGGU
小土豆焖香菇

主辅料

土豆、水发香菇、干辣椒。

调料

姜片、蒜末、葱段、盐、鸡粉、豆瓣酱、生抽、水淀粉、食用油各适量。

做法

1. 香菇切小块；土豆切丁。
2. 热锅注油，烧至三四成热，倒入土豆丁，炸至金黄色，捞出，沥干油。
3. 锅底留油烧热，倒入干辣椒、姜片、蒜末，爆香；放入香菇块，炒匀；倒入土豆丁，加豆瓣酱、生抽、鸡粉、盐，炒匀调味。
4. 注入清水，盖上盖，小火焖煮约10分钟，淋入水淀粉勾芡，盛出装盘，放上葱段即可。

成菜特点

这么一大盘用土豆和香菇焖煮出来的佳肴，当然能代替饭食啦。

操作要领：炸土豆的时候应该掌握好油温，以免炸老了影响口感。

GANBIANTUDOUTIAO
干煸土豆条

 主辅料

土豆。

调料

干辣椒、蒜末、
葱段、盐、鸡
粉、辣椒油、生
抽、水淀粉、食
用油各适量。

做法

1. 将洗净去皮的土豆切厚片，改
   切成条。
2. 锅中注水烧开，放入少许盐、
   鸡粉，倒入土豆条，煮3分钟
   至其熟透，捞出。
3. 起油锅，爆香蒜末、干辣椒、
   葱段，倒入土豆条，炒匀，放
   入生抽、盐、鸡粉。
4. 淋入辣椒油，炒匀，倒入水淀
   粉勾芡，将炒好的土豆条盛
   出，装盘即可。

成菜特点
酥糯,咸香浓郁。

操作要领：辣椒
油不要加入太
多，以免过辣，
掩盖土豆本身的
味道。

YADANCHAOYANGCONG

鸭蛋炒洋葱

 主辅料

鸭蛋、洋葱。

 调料

盐、鸡粉、水淀粉、食用油各适量。

做 法

1. 去皮洗净的洋葱切丝。
2. 鸭蛋打入碗中，放入少许鸡粉、盐、水淀粉，用筷子打散、调匀。
3. 锅中倒入适量食用油烧热，放入切好的洋葱，翻炒至洋葱变软，加入适量盐，炒匀调味。
4. 倒入调好的蛋液，快速翻炒至熟，盛出，装入盘中即可。

DUOJIAOFOSHOUGUASI

剁椒佛手瓜丝

 主辅料

佛手瓜、剁椒。

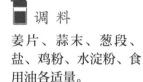 调料

姜片、蒜末、葱段、盐、鸡粉、水淀粉、食用油各适量。

做 法

1. 将佛手瓜去皮切成粗丝，装在盘中，待用。
2. 用油起锅，放入姜片、蒜末、葱段，用大火爆香；倒入备好的剁椒，炒香、炒透。
3. 倒入佛手瓜翻炒至变软；加盐、鸡粉，炒匀调味，倒入水淀粉勾芡，炒至食材熟透、入味即可。

GANGUOTUDOUJI

干锅土豆鸡

主辅料

鸡腿、土豆片、蒜薹、干辣椒。

调料

蒜瓣、姜、花椒、香菜、蚝油、盐、料酒、鸡粉、生抽、辣椒油、食用油各适量。

做法

1. 洗净的鸡腿斩成小块，用料酒腌渍片刻。
2. 蒜薹、干辣椒、香菜切段；姜、蒜瓣切片。
3. 热锅注油烧热，倒入蒜薹，翻炒片刻，盛出装入碗中，待用。
4. 锅中注油烧热，倒入土豆片，滑油片刻后盛出装入碗中。
5. 锅底留油，倒入腌渍好的鸡肉，翻炒至变色，再倒入姜片、蒜片、干辣椒、花椒粒，炒匀炒香。
6. 加入生抽、蚝油、辣椒油、鸡粉，倒入土豆片、蒜薹，炒匀；将食材装入干锅，放上香菜即可。

成菜特点

土豆先生遇上鸡块小姐，有荤有素，搭配完美。

操作要领：将土豆先用少许生粉裹匀表面，再放入锅中油炸，这样不会破坏其粉嫩的口感。

DOUCHICHAOKONGXINCAIGENG

豆豉炒空心菜梗

主辅料

空心菜、豆豉、蒜、干辣椒。

调料

盐、味精、陈醋、食用油各适量。

做法

1. 干辣椒去蒂去籽，洗净切段；蒜去皮洗净，切粒备用；将空心菜择洗干净，去叶留梗，切细段备用。
2. 锅上火，注入油烧热，放入辣椒段、蒜粒、豆豉炒香。
3. 倒入空心菜梗，调入盐、味精、陈醋，炒入味即可。

成菜特点

爽脆可口，别有一番风味。

操作要领：空心菜不宜炒太久，以免破坏其营养。

CUJIAOHUANGHUAYU

醋椒黄花鱼

 主 辅 料

净黄花鱼、香菜。

 调 料

姜丝、蒜末、盐、鸡粉、白糖、生抽、料酒、陈醋、水淀粉、食用油各适量。

做 法

1. 香菜切小段；黄花鱼两面打上花刀，抹上盐，腌渍一会儿。
2. 锅中注油烧至六成热，放入黄花鱼，中火炸至八成熟，捞出，沥干油。
3. 锅底留油，放入姜丝、蒜末爆香；加入料酒、清水、陈醋、盐、白糖、鸡粉、生抽，煮片刻；放入黄花鱼，煮至入味，盛出。
4. 锅中留汤汁烧热，淋入水淀粉勾芡，浇在鱼身上，撒上香菜段即可。

成菜特点

没有那么辛辣重口，只是淡淡的甜、淡淡的酸。

操作要领：在黄花鱼上打花刀时不可切得太深，以免炸的时候将其肉质炸散了。

SUANRONGKONGXINCAI

蒜蓉空心菜

主辅料

空心菜。

调料

蒜、盐、食用油
各适量。

做法

1. 将空心菜挑去老叶、切去根部后洗净，切成适口长段；蒜洗净，切成蒜蓉。
2. 热油锅，放入蒜蓉爆香，待香味传出后，再下空心菜来回翻炒。
3. 待空心菜拌炒至熟色，加盐，翻炒均匀即可。

成菜特点

清淡味美，看似简单，却考验厨艺。

操作要领：翻炒空心菜时可以加入少许清水，这样能使菜梗更易熟透，缩短烹饪的时间。

CHIXIANGFOSHOUGUA

豉香佛手瓜

 主 辅 料

佛手瓜、彩椒、
豆豉。

调 料

盐、鸡粉、白糖、水淀
粉、食用油各适量。

做 法

1. 佛手瓜洗净，去瓤，切成块；彩椒洗净，切块。
2. 锅中注水烧开，加盐、食用油，倒入佛手瓜、彩椒，煮至断生，捞出，沥干水分，备用。
3. 用油起锅，倒入豆豉，爆香；放入切好的佛手瓜、彩椒，炒匀。
4. 加盐、鸡粉、白糖、水淀粉，炒至食材熟透即可。

QINGZHENGHUANGHUAYU

清蒸黄花鱼

 主 辅 料

大黄鱼。

调 料

料酒、精盐、葱丝、姜
丝、花生油各适量。

做 法

1. 将黄鱼杀洗处理干净，在两侧斜剞花刀。
2. 在鱼身涂匀料酒、精盐，鱼腹中放入葱丝、姜丝。
3. 将黄鱼摆入蒸盘中，上面再撒上葱丝、姜丝，上笼蒸至熟透，出锅淋上热油即成。

HUANGGUACHAOROU
黄瓜炒肉

主辅料
黄瓜、猪瘦肉。

做法

1. 黄瓜洗净，切成圆片；猪瘦肉洗净，切片，用酱油、盐抓腌待用。
2. 热锅入油，放入干辣椒炒香，下入瘦肉翻炒片刻，下入黄瓜同炒至熟，调入酱油、醋、盐炒匀即可。

调料
盐、干辣椒、酱油、醋、食用油各适量。

成菜特点
瓜清脆，肉柔嫩，简单易学，好吃无难度。

操作要领：猪瘦肉入锅炒制的时间不能太久，否则会失去其爽脆的口感。

HUANGGUACHAOTUDOUSI

黄瓜炒土豆丝

 主辅料

土豆、黄瓜。

调料

葱末、蒜末、盐、鸡粉、水淀粉、食用油各适量。

做 法

1. 黄瓜洗净切成丝；土豆洗净去皮，切成细丝。
2. 锅中注水烧开，加少许盐，倒入土豆丝，煮至断生后捞出。
3. 用油起锅，下入蒜末、葱末，爆香，倒入黄瓜丝，翻炒出汁水。
4. 放入土豆丝，炒熟，加盐、鸡粉，炒至入味，淋入水淀粉勾芡即可。

HUIGUOTUDOU

回锅土豆

 主辅料

土豆、红椒、青椒。

调料

盐、孜然粉、酱油、食用油各适量。

做 法

1. 土豆去皮洗净，切块；青椒、红椒洗净，切块。
2. 锅内注水烧开，把土豆放入锅中蒸至六成熟。
3. 起油锅，放入土豆、青椒、红椒，下入盐、酱油、孜然粉炒熟即可。

成菜特点

土豆软糯酥软，还有青红椒调味，口感丰富。

酸辣包菜

 主 辅 料

包菜、干辣椒、蒜末。

 调 料

盐、味精、鸡粉、料酒、水淀粉、白醋、食用油各适量。

🍲 做 法

1. 把洗净的包菜切成丝，装入盘中待用。
2. 用油起锅，加蒜末、干辣椒，爆香，倒入包菜，大火翻炒片刻，淋入少许料酒，翻炒约1分钟至软。
3. 再淋入少许清水，翻炒至熟，转小火，加入盐、味精、鸡粉调味，淋入适量白醋，翻炒至入味。
4. 加少许水淀粉勾芡，翻炒均匀，盛出装盘即成。

鱼香土豆丝

 主 辅 料

土豆、青椒、红椒。

 调 料

葱段、蒜末、豆瓣酱、陈醋、白糖、盐、鸡粉、食用油各适量。

🍲 做 法

1. 将土豆去皮切成丝；将红椒、青椒去籽，切成丝。
2. 用油起锅，放入蒜末、葱段爆香，倒入土豆丝、青椒丝、红椒丝，翻炒均匀,加入豆瓣酱、盐、鸡粉。
3. 放入少许白糖，淋入适量陈醋炒匀至食材入味。

成菜特点

这鲜红的外衣裹住了黄色细丝，再跳入一点绿一点红，酸酸甜甜，脆脆香香，那么好吃，还怕什么辣！

酸萝卜肥肠煲

 主辅料

肥肠、酸萝卜、红椒。

 调料

姜片、蒜末、葱段、豆瓣酱、番茄酱、盐、料酒、水淀粉、食用油各适量。

做 法

1. 肥肠洗净切小块，入沸水锅中氽水捞出；红椒洗净切圈；酸萝卜洗净切小块。
2. 用油起锅，爆香姜片、蒜末、葱段，放入红椒圈、肥肠，淋入料酒，炒匀。
3. 放入豆瓣酱、番茄酱、酸萝卜，炒匀，注水，调入盐，倒入水淀粉勾芡。
4. 将锅中食材盛入砂煲中，再置于火上，大火续煮至入味，取下砂煲即可。

椒丝炒苋菜

 主辅料

苋菜、彩椒、蒜末。

 调料

盐、鸡粉、水淀粉、食用油各适量。

做 法

1. 将备好的彩椒洗净，切成丝；苋菜择洗净。
2. 用油起锅，放入蒜末爆香。
3. 倒入苋菜，翻炒至熟软；放入彩椒丝，炒匀。
4. 加盐、鸡粉调味，淋入水淀粉勾芡即可。

BAOCAIFENSI
包菜粉丝

主辅料
包菜、粉丝、五花肉片。

做法
1. 包菜洗净切丝；水烧开，放入粉丝焯煮捞出。
2. 油锅烧热，爆香花椒、干辣椒，放五花肉煎出油，再放包菜翻炒，加盐、酱油、醋、粉丝炒熟，装盘即可。

调料
盐、花椒、干辣椒段、醋、酱油、食用油各适量。

成菜特点
绵软入味，混合爽脆的包菜，佐餐佳品。

操作要领：粉丝不要泡太软，泡到稍微有点硬的时候即可和包菜一起翻炒。

Part 7

夏季汤菜篇

ZHENZHUSANXIANTANG

珍珠三鲜汤

主辅料

鸡肉、 胡萝卜、 豌豆、西红柿、蛋白。

调料

盐、生粉、芝麻油各适量。

做法

1. 豌豆洗净；胡萝卜、西红柿分别洗净、切丁；鸡肉洗净后，剁成肉泥。
2. 把蛋白、鸡肉泥与生粉放在一起，搅拌均匀，再捏成丸子状。
3. 将豌豆、胡萝卜及西红柿放入锅中，加水煮沸，再下盐搅拌均匀，最后放入丸子一起熬煮，待入味后，撒上芝麻油增香即可起锅。

成菜特点

汤色艳丽，味道鲜美，营养丰富，可使胃口大开。

操作要领：鸡肉易熟，不用久煮。

JIAOBAILUYUTANG

茭白鲈鱼汤

 主 辅 料

茭白、鲈鱼、西红柿、木耳。

调料

葱段、姜片、食用油、米酒、盐、食用油各适量。

做 法

1. 鲈鱼洗净，仔细擦干鱼身水分。
2. 茭白去皮，切滚刀块；西红柿和木耳分别洗净，切块。
3. 热油锅，放入鲈鱼煎至两面金黄，接着下葱段、姜片略炒，再放入茭白、西红柿和木耳拌炒匀。
4. 倒入清水及米酒，大火煮滚后，盖上锅盖以小火慢炖15分钟。
5. 起锅前加入盐即可。

SUANCAITUDOUTANG

酸菜土豆汤

 主 辅 料

土豆、酸菜。

调料

葱花、盐、鸡粉、芝麻油、胡椒粉、生抽、食用油各适量。

做 法

1. 洗净的酸菜切成小丁块；去皮洗净的土豆切薄片。
2. 锅中注入清水烧开，倒入酸菜丁略煮一会儿，捞出，沥水待用。
3. 用油起锅，倒入酸菜丁，炒干水分；倒入土豆片，翻炒匀；注入适量开水，加少许盐、鸡粉，拌匀；盖上盖，烧开后用中火煮约5分钟至熟透。
4. 揭盖，淋入适量芝麻油、生抽，撒上少许胡椒粉，略煮片刻；关火后盛出汤料，撒上葱花即可。

上汤冬瓜

主辅料

冬瓜、金华火腿、瘦肉、水发香菇、清鸡汤。

调料

盐、鸡粉、水淀粉各适量。

做法

1. 冬瓜洗净切片；瘦肉洗净切丝；香菇洗净切丝；火腿洗净切细丝。
2. 把切好的火腿丝放在冬瓜上。
3. 蒸锅中注入适量清水烧开，放入冬瓜，盖上盖，大火蒸20分钟，揭盖，取出冬瓜，待用。
4. 锅置火上，倒入鸡汤，放入火腿、瘦肉、香菇，加适量清水略煮，撇去浮沫；加盐、鸡粉调味，倒入水淀粉勾芡，浇在冬瓜上即可。

成菜特点

鲜美又养人，清爽的汤品。

操作要领：冬瓜片切得薄一点，这样更易蒸熟。

SANXIANSIGUATANG

三鲜丝瓜汤

 主辅料

虾仁、蟹脚、鲜
干贝、丝瓜。

调料

姜丝、盐、食用油各
适量。

做法

1. 将丝瓜洗净去皮,切成小块;虾仁洗净,挑去肠
泥;干贝洗净,切小丁;蟹脚洗净。
2. 起油锅,爆香姜丝,放入虾仁、蟹脚、干贝翻
炒,再加入丝瓜和适量水,等丝瓜熟软后加入盐
调味即可。

高汤的鲜味很浓,所以调味时不可再放入鸡粉,以免
将干贝的鲜味盖住了。

SHANYUKUGUAGOUQITANG

鳝鱼苦瓜枸杞汤

 主辅料

鳝鱼、苦瓜、
枸杞。

调料

高汤、盐各适量。

做法

1. 将鳝鱼洗净切段,汆水;苦瓜洗净,去籽切片;
枸杞洗净备用。
2. 净锅上火倒入高汤,下入鳝段、苦瓜、枸杞烧
开,煲至熟,调入盐即可。

SANXIANKUGUATANG

三鲜苦瓜汤

主辅料

苦瓜、水发香菇、冬笋。

调料

鲜汤、盐、食用油各适量。

做法

1. 将苦瓜去瓜蒂、去瓤，切成厚片;冬笋切薄片；香菇去蒂，切薄片。
2. 锅中加清水适量，烧开，下苦瓜片余一下，沥干水分。
3. 汤锅洗净置旺火上，放油烧至七成热，放苦瓜微炒，倒入鲜汤，烧开后下冬笋片、香菇片，煮至熟软，加盐调味即可。

成菜特点

鲜咸适口，味道独特。

- - - - - - - - - - - - - -

操作要领：好的苦瓜一般洁白漂亮，如果苦瓜发黄，就已经过熟，会失去应有的口感。

DANHUAXIHONGSHIZICAITANG

蛋花西红柿紫菜汤

 主 辅 料
紫菜、西红柿、
鸡蛋。

 做 法

1. 紫菜泡发，洗净；西红柿洗
   净，切块；鸡蛋打散。
2. 锅置于火上，加入植物油，注
   水烧至沸时，放入紫菜、鸡
   蛋、西红柿。
3. 再煮至沸时，加盐调味即可。

调 料
盐、植物油各
适量。

成菜特点

西红柿补充维
生素，紫菜补
充微量元素，
鸡蛋补充蛋白
质，让人吃得
健康。

操作要领：煮蛋
花宜用小火，这
样煮出来的蛋花
才美观。

西红柿豆腐汤

🥣 主辅料
紫皮洋葱、虾米、豆腐。

🧂 调料
花生油、精盐、胡椒粉各适量。

🍲 做法

1. 将豆腐切块；洋葱去皮切块；西红柿去蒂切块；虾米用清水浸30分钟后沥干，备用。
2. 锅内加入适量清水烧沸，依次放入豆腐、洋葱、西红柿和花生油。
3. 最后将虾米投入，煮约5分钟，用精盐、胡椒粉调味即可。

罗宋汤

🥣 主辅料
洋葱、猪肉、西红柿、土豆。

🧂 调料
高汤、盐、番茄酱各适量。

 做法

1. 洋葱剥皮，洗净，切丁；西红柿洗净，切丁；猪肉洗净，切丁；土豆去皮，洗净，切丁。
2. 将高汤放入锅中，烧滚后放入猪肉、洋葱、西红柿丁及土豆丁，煮至软烂汤稠，加入番茄酱、盐。

成菜特点
酸中带甜且鲜滑爽口的味觉享受，营养丰富。

HUANGGUAGEDANTANG
黄瓜鸽蛋汤

主辅料
黄瓜、鸽蛋。

做法
1. 黄瓜去皮洗净，切块。
2. 锅内注水，烧至沸时，加入黄瓜煮5分钟，再向锅内打入鸽蛋。
3. 约煮3分钟，加盐煮至入味即可。

调料
盐。

成菜特点
汤色奶白，清香入味，味道太惊艳了。

操作要领：此汤味道鲜美，所以煮制时油、盐不宜多放。

ZHUSUNYABAO

竹笋鸭煲

主辅料

鸭、竹笋、菜胆、午餐肉。

调料

盐、姜、大料、料酒、鸡精各适量。

做法

1. 鸭洗净切块，用盐、料酒腌渍；竹笋去壳、洗净，切丝；午餐肉切片；菜胆洗净。
2. 砂锅注水，放入姜、大料、鸭块煲至七成熟，放入竹笋丝、午餐肉、菜胆，调入盐、鸡精、料酒，煮至鸭肉酥烂即可。

成菜特点

汤浓味鲜，营养丰富。

操作要领：烹制鸭肉时，先将鸭肉用凉水和少许醋浸泡半小时，再用小火慢炖，可使鸭肉香嫩可口。

CHANGPUZHUXINTANG
菖蒲猪心汤

 主辅料

猪心、石菖蒲、
枸杞、远志、
当归、丹参、
红枣。

 做法

1. 猪心洗净，氽水，去血块，煮熟，捞出切片。
2. 将药材、枸杞、红枣置入锅中加水熬汤。
3. 将切好的猪心放入已熬好的汤中煮沸，加盐、葱花即可。

 调料

盐、葱花各适量。

成菜特点

古人没有那么多化妆品，用简单的药材、简单的食疗，就很美好。

操作要领：过早放盐会阻碍猪心营养成分的析出，应在出锅前放。

XIANCAIDOUFUJIDANTANG

苋菜豆腐鸡蛋汤

主辅料

板豆腐、苋菜、
鸡蛋。

调料

蒜末、盐、芝麻
油、食用油各
适量。

做法

1. 苋菜洗净，切段；豆腐切块。
2. 鸡蛋打散成蛋液，备用。
3. 起油锅，先放入蒜末爆香，接着放入苋菜炒熟，加入适量清水。
4. 待水开后，放入豆腐和盐，再倒入蛋液煮成蛋花，稍煮一会。
5. 最后放入芝麻油，关火盛出即可。

成菜特点

嫩鲜金黄的汤
汁，鲜香美味。

操作要领：搅拌
鸡蛋时，要匀速
地向一个方向搅
拌，这样煮出来
的蛋花更美观。